delta 12

Trainingsband

Mathematik für Gymnasien

Schätz
Eisentraut

C.C.BUCHNER

delta

Mathematik für Gymnasien
Herausgegeben von Ulrike Schätz und Franz Eisentraut

Der Trainingsband zu delta 12 wurde verfasst von Stephan Kessler, Dr. Karl-Heinz Sänger, Ulrike Schätz, Matthias Treuheit und Prof. Dr. Volker Ulm unter besonderer Mitwirkung von Dr. Rudolf Schätz.

Bei den mit **ABI** gekennzeichneten Aufgaben (grüne Aufgabennummer) handelt es sich um Aufgaben, die in Abiturprüfungen gestellt wurden.
Die als „Beispielabitur" aufgenommenen Aufgaben wurden der Handreichung „Das Abitur im Fach Mathematik am achtjährigen Gymnasium", hrsg. vom Staatsinstitut für Schulqualität und Bildungsforschung, München 2008, entnommen.

Gestaltung und Herstellung:
Wildner + Designer GmbH, Fürth · www.wildner-designer.de

1. Auflage 4 3 2 1 2015 2013 2011

Die letzte Zahl bedeutet das Jahr dieses Druckes.
Alle Drucke dieser Auflage sind, weil untereinander unverändert, nebeneinander benutzbar.

www.ccbuchner.de

ISBN 978-3-7661-**8272**-2

Kapitel 1

Analysis

1. Die Abbildungen zeigen Graphen zweimal differenzierbarer Funktionen. Kennzeichnen Sie jeweils rot denjenigen Bereich / diejenigen Bereiche, in dem / in denen der Funktionsgraph rechtsgekrümmt ist, und grün denjenigen Bereich / diejenigen Bereiche, in dem / in denen der Funktionsgraph linksgekrümmt ist.

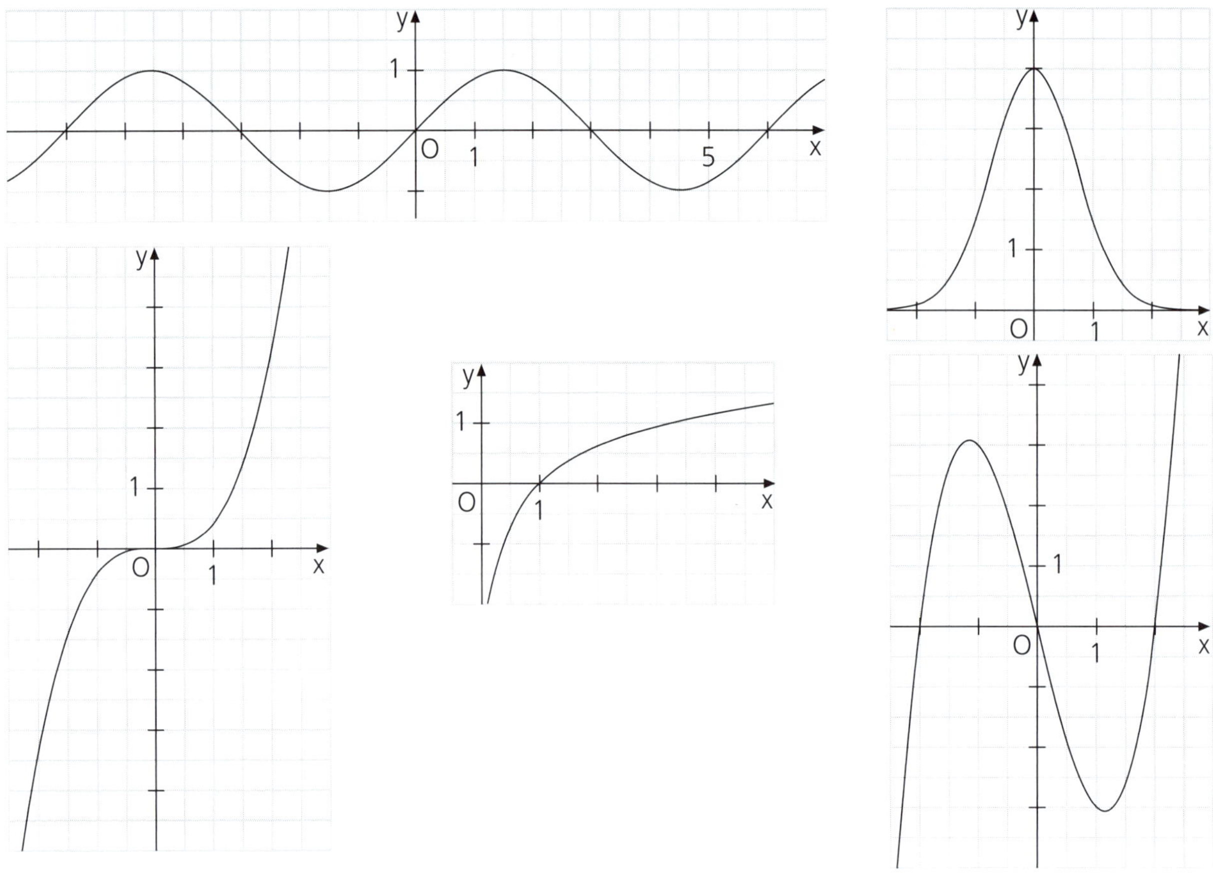

2. Vorgelegt ist die Funktion f: $x \mapsto x^3 - 6x^2 + 9x$; $D_f = \mathbb{R}$. Ihr Graph ist G_f.

a) Ermitteln Sie die Achsen-, Extrem- und Wendepunkte von G_f.

b) Skizzieren Sie G_f.

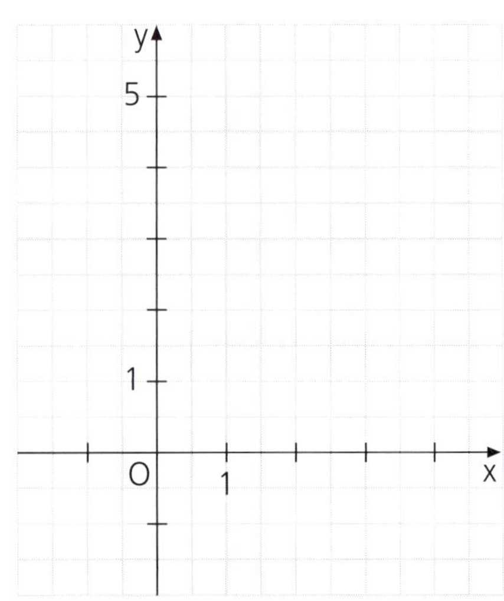

c) Untersuchen Sie bei jeder der folgenden Aussagen, ob sie wahr ist.

(1) Für $-\infty < x < 2$ ist G_f rechtsgekrümmt.

(2) Die Gerade g_1: $y = 1$ hat mit G_f drei Punkte gemeinsam.

(3) Die Gerade g_a: $y = a$ hat für $a > 4$ mit G_f keinen Punkt gemeinsam.

(4) Im Punkt W (2 | 2) fällt G_f am stärksten.

(5) Im Ursprung steigt G_f am stärksten.

(6) G_f und der Graph der Funktion g: $g(x) = (x - 1)(x - 4)^2 + 2$; $D_g = \mathbb{R}$, sind zueinander kongruent.

G_f um 1 LE nach rechts und um 2 LE nach oben verschoben!

3. Ermitteln Sie jeweils die Koordinaten der Achsen-, Extrem- und Wendepunkte und ordnen Sie dann Funktionsterm und Graph einander zu. Geben Sie jeweils eine Gleichung jeder Wendetangente an.

a) f_1: $f_1(x) = 0{,}25(x^3 - 3x^2 - 9x)$; $D_{f_1} = \mathbb{R}$, hat den Graphen ___________.

b) f_2: $f_2(x) = x^3 - 3x^2 + 4$; $D_{f_2} = \mathbb{R}$, hat den Graphen ___________.

c) f_3: $f_3(x) = \frac{4}{x^2 + 1}$; $D_{f_3} = \mathbb{R}$, hat den Graphen ___________.

d) f_4: $f_4(x) = \frac{e^x - e^{-x}}{2}$; $D_{f_4} = \mathbb{R}$, hat den Graphen ___________.

e) f_5: $f_5(x) = x \cdot e^x$; $D_{f_5} = \mathbb{R}$, hat den Graphen ___________.

f) f_6: $f_6(x) = \frac{8x}{e^x}$; $D_{f_6} = \mathbb{R}$, hat den Graphen ___________.

g) f_7: $f_7(x) = 2 - \ln(0{,}5x)$; $D_{f_7} = \mathbb{R}^+$, hat den Graphen ___________.

①
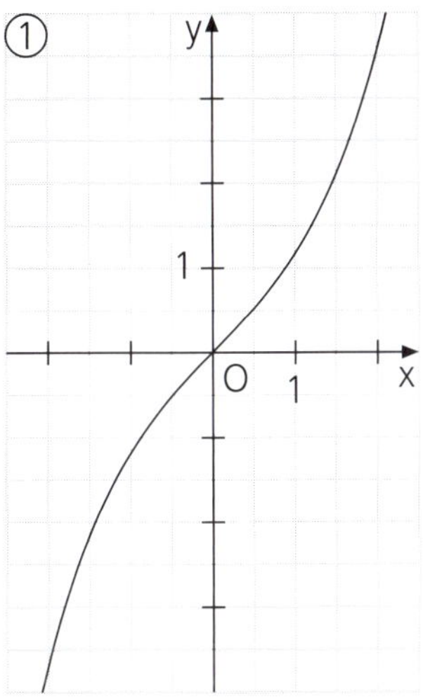

②
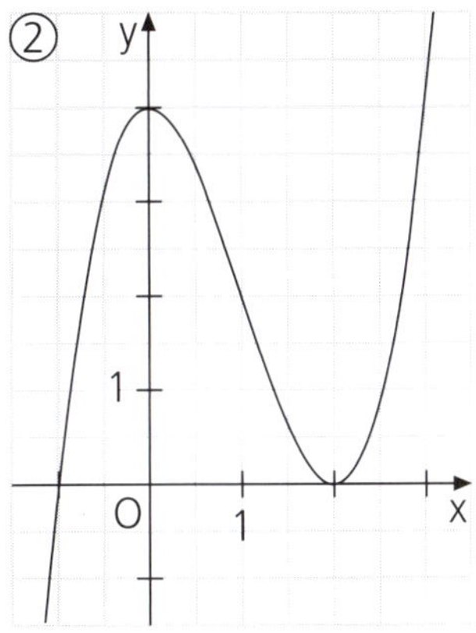

③
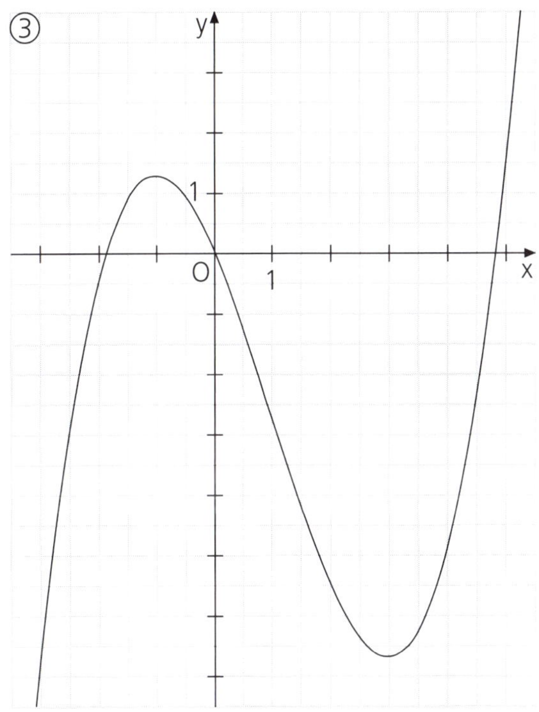

④
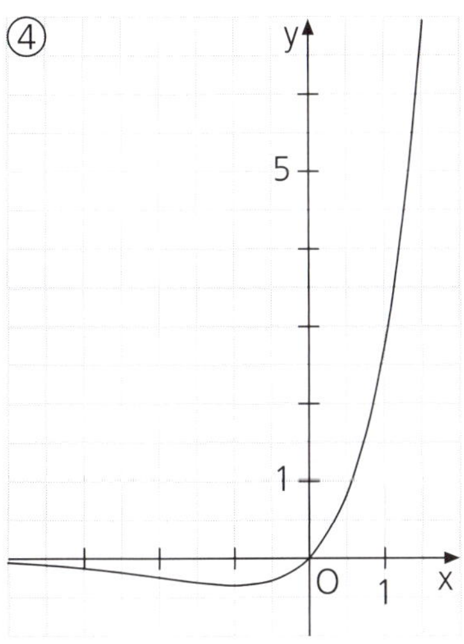

⑤
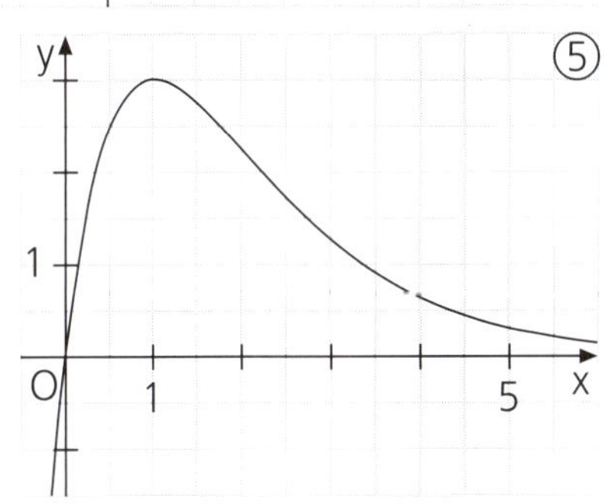

⑥
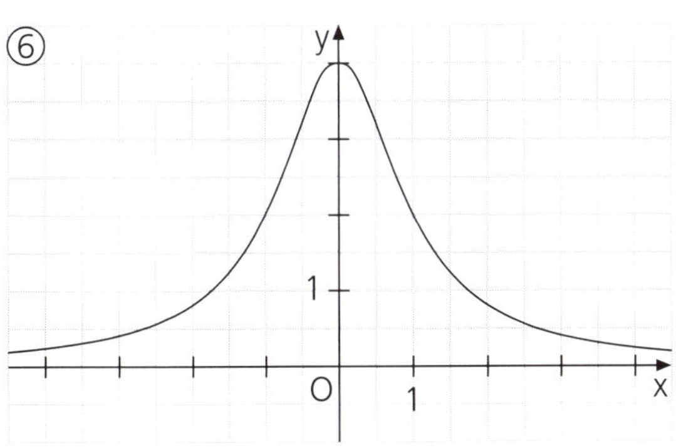

⑦
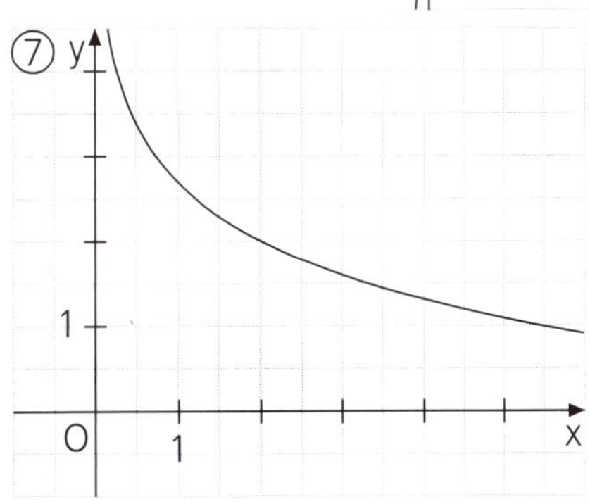

4. Vorgelegt ist die Funktion f: $f(x) = \frac{x^3}{6(x^2-4)}$; $D_f = \mathbb{R}\setminus\{-2; 2\}$, und ihr Graph G_f.

a) Untersuchen Sie die Funktion f auf Nullstellen und Polstellen. Zeigen Sie, dass G_f symmetrisch zum Ursprung ist. Finden Sie heraus, welcher der beiden Graphen ① bzw. ② G_f darstellt, und geben Sie eine Begründung an.

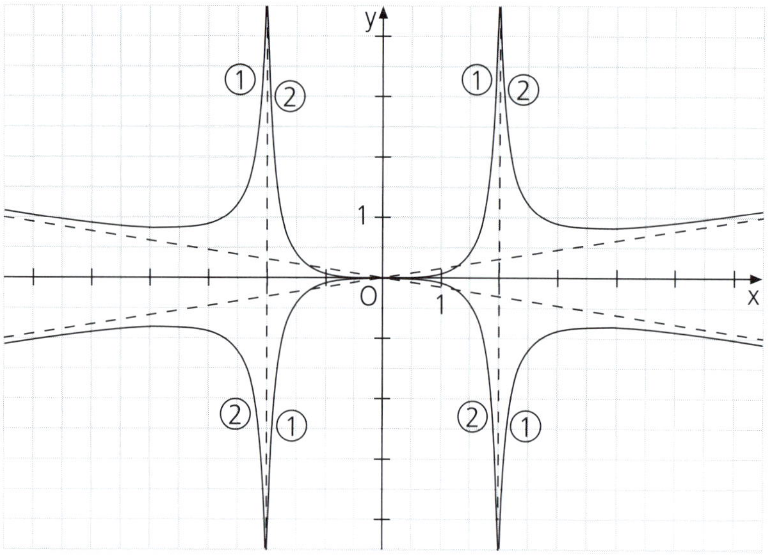

b) Zeigen Sie, dass $f(x) = \frac{x}{6} + \frac{2x}{3(x^2-4)}$ ist. G_f besitzt drei Asymptoten; geben Sie deren Gleichungen an.

c) Der Punkt T $(2\sqrt{3} \mid \frac{1}{2}\sqrt{3})$ ist Tiefpunkt von G_f (Nachweis nicht erforderlich). Geben Sie durch Überlegen die Koordinaten des Hochpunkts von G_f an.

d) Zeigen Sie, dass der Punkt O (0 | 0) Terrassenpunkt von G_f ist.

e) Die Graphen ① und ② sind zueinander kongruent. Welcher Zusammenhang besteht zwischen den Funktionstermen der von ihnen dargestellten Funktionen?

f) Die vier Geraden mit den Gleichungen $y = \pm\frac{x}{6}$; $x = 2$ und $x = 4$ beranden ein Trapez. Berechnen Sie seinen Flächeninhalt und geben Sie die Seitenlänge eines gleich großen Quadrats auf Zehntel LE gerundet an.

5. Gegeben ist die Funktion f: $f(x) = 10e^x(1 - e^x)$; $D_f = \mathbb{R}$. Untersuchen Sie ihren Graphen G_f auf Achsen-, Extrem- und Wendepunkte und ergänzen Sie die Monotonie- und Krümmungstabelle:

x	$-\infty < x <$	$x =$	$< x <$	$x =$	$< x < \infty$
f'(x)					
Vorzeichenwechsel von f'(x)					
G_f					
f''(x)					
Vorzeichenwechsel von f''(x)					
G_f					

Zeichnen Sie G_f in Ihr Heft. Kennzeichen Sie die rechtsgekrümmten und die linksgekrümmten Teile von G_f mit verschiedenen Farben.

ABI 6. Eine Firma stellt Monitore für Notebooks her. Die bei der Herstellung von x Monitoren entstehenden Kosten (in €) sind $f(x) = 0{,}001x^3 - 1{,}29x^2 + 600x + 12\,000$; $x > 0$. Die Monitore werden zu einem Preis von je 300 € zur Weiterverarbeitung abgegeben; der dabei erzielte Gewinn (in €) ist g(x).

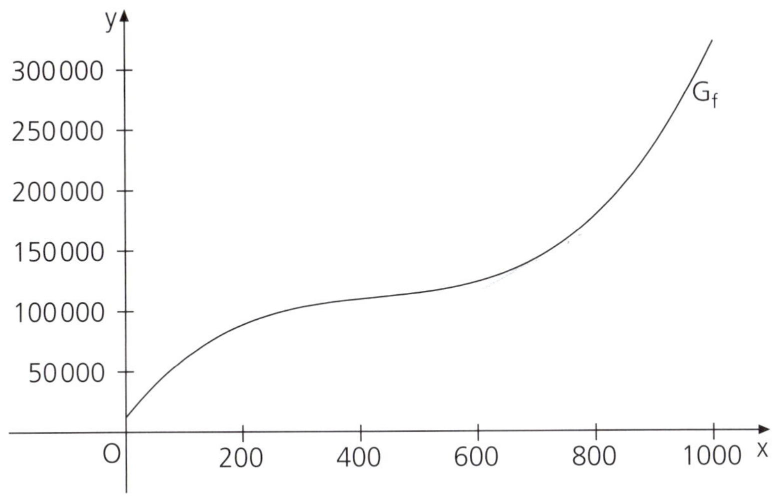

a) Untersuchen Sie G_f auf Extrempunkte und auf Monotonie. Berechnen Sie die Koordinaten des Wendepunkts von G_f und interpretieren Sie ihn unter dem Aspekt der Kostenentwicklung.

b) Geben Sie g(x) für $x > 0$ an. Zeigen Sie, dass $x_1 \approx 357{,}8$ und $x_2 \approx 966{,}9$ Nullstellen der Funktion g sind.
Ermitteln Sie die lokalen Extrempunkte von G_g. Interpretieren Sie G_g hinsichtlich Gewinn und Verlust und geben Sie den maximalen Gewinn an.

ABI 7. Gegeben ist die Funktion f: $f(x) = -0{,}5x^4 + 3x^2$; $D_f = \mathbb{R}$, sowie ihr Graph G_f. G_f besitzt die Hochpunkte $H_1\,(-\sqrt{3} \mid 4{,}5)$ und $H_2\,(\sqrt{3} \mid 4{,}5)$ (Nachweis nicht verlangt).

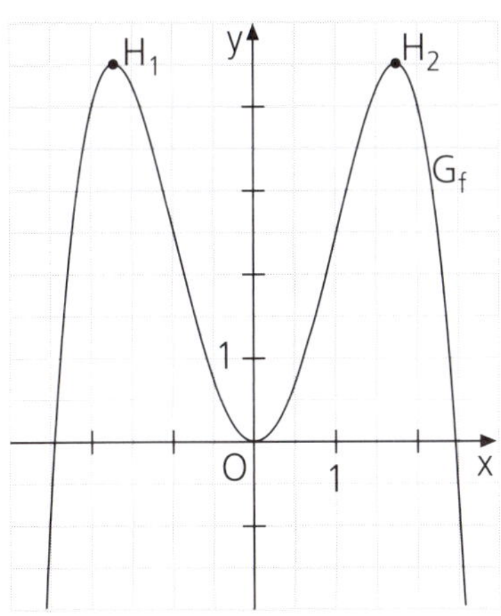

Geben Sie die Wertemenge W_f der Funktion f an und ermitteln Sie die Koordinaten der Wendepunkte W_1 und W_2 ($x_{W1} < x_{W2}$) von G_f sowie $\overline{OW_2}$, $\overline{W_2W_1}$ und $\overline{W_1O}$.

a) Berechnen Sie den Flächeninhalt des Dreiecks W_1OW_2.

b) Berechnen Sie die Größe φ der spitzen Winkel, unter denen die Wendetangenten einander schneiden.

c) Es gibt Werte $u \in \mathbb{R}^+$, für die die Punkte $A\,(0 \mid 4{,}5)$, $B\,(-u \mid f(-u))$ und $C\,(u \mid f(u))$ ein Dreieck bilden.
Zeigen Sie, dass für $u = \sqrt{3}$ kein solches Dreieck existiert.
Ermitteln Sie denjenigen Wert von u mit $0 < u < \sqrt{3}$, für den der Flächeninhalt des Dreiecks ABC maximal wird.

8. Die nebenstehende Abbildung zeigt den Graphen der Funktion
$f\colon x \mapsto \frac{2(x+1)}{e^{2x}}$; $D_f = \mathbb{R}$.
Ermitteln Sie die Koordinaten des Wendepunkts W von G_f und kennzeichnen Sie rot den rechtsgekrümmten Teil und grün den linksgekrümmten Teil des Funktionsgraphen G_f.

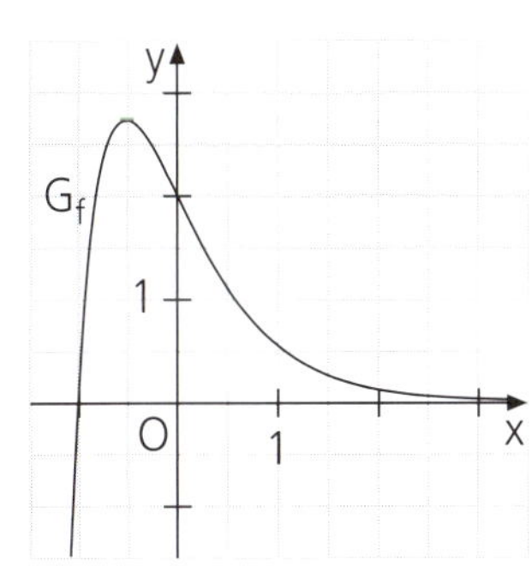

9. Die Abbildung zeigt die Graphen G_f und G_g der Funktionen f: $f(x) = x + \frac{1}{x}$ und g: $g(x) = x - \frac{1}{x}$; $D_f = D_g = \mathbb{R}\setminus\{0\}$.
Untersuchen Sie bei jeder der folgenden Aussagen, ob sie wahr ist, und kreuzen Sie sie dann in der Tabelle passend an. Stellen Sie die falschen Aussagen richtig.

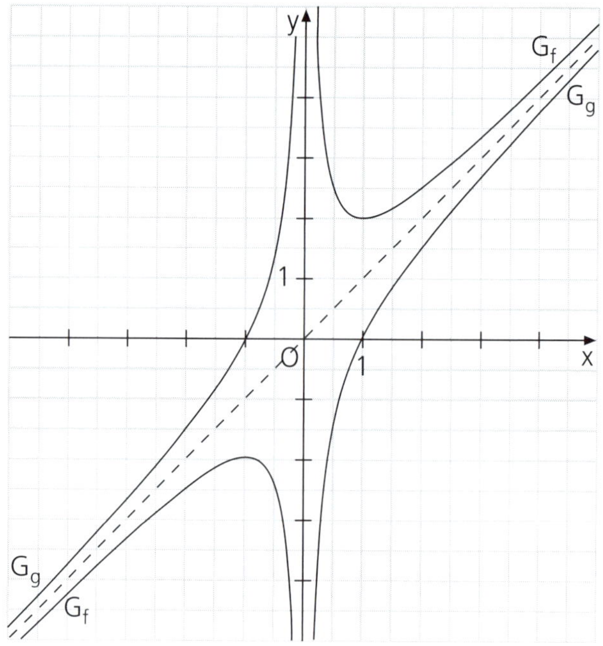

	Aussage	wahr	falsch
a)	Der Graph G_f ist symmetrisch zum Ursprung.		
b)	Der Graph G_g ist symmetrisch zum Ursprung.		
c)	Der Graph G_f besitzt den Hochpunkt A (1 I 2).		
d)	Der Graph G_f ist für jeden Wert von $x \in \mathbb{R}^+$ rechtsgekrümmt.		
e)	Der Graph G_f ist für jeden Wert von $x \in \mathbb{R}^-$ rechtsgekrümmt.		
f)	Der Graph G_g ist für jeden Wert von $x \in \mathbb{R}^+$ linksgekrümmt.		
g)	Der Graph G_g ist für jeden Wert von $x \in \mathbb{R}^-$ linksgekrümmt.		
h)	Die Funktion F: $F(x) = \frac{x^2}{2} + \ln\lvert x\rvert$; $D_F = \mathbb{R}\setminus\{0\}$, ist eine Stammfunktion von f.		
i)	Die Lösungsmenge der Gleichung $f(x) = x + \frac{1}{x} = 0$ über $G = \mathbb{R}\setminus\{0\}$ ist $L = \{\,\}$.		
j)	Die Lösungsmenge der Gleichung $g(x) = x - \frac{1}{x} = 0$ über $G = \mathbb{R}\setminus\{0\}$ ist $L = \{\,\}$.		
k)	Für jeden Wert von $x > 1$ gilt $f(x) > 0$, $f'(x) > 0$ und $f''(x) > 0$.		
l)	Für jeden Wert von $-1 < x < 0$ gilt $f(x) < 0$, $f'(x) < 0$ und $f''(x) < 0$.		
m)	Dreht man den Graphen G_f um den Ursprung um 180°, so kommt er mit sich zur Deckung. Bei dieser Drehung beschreibt der Punkt A (1 I 2) $\in G_f$ einen Halbkreis mit Radiuslänge $\sqrt{5}$.		
n)	Dreht man den Graphen G_g um den Ursprung um 180°, so kommt er mit sich zur Deckung. Bei dieser Drehung beschreibt der Punkt B (−1 I 0) $\in G_g$ einen Halbkreis mit Radiuslänge 1.		
o)	Die y-Achse ist senkrechte Asymptote von G_f und von G_g.		
p)	Die Gerade a mit der Gleichung $y = x$ ist schräge Asymptote von G_f und von G_g.		
q)	Die Gerade n: $y = -\frac{x}{2} + \frac{1}{2}$ schneidet G_g im Punkt D (1 I 0) senkrecht (ist also Kurvennormale von G_g im Punkt D).		
r)	Das Viereck mit den Eckpunkten A (1 I f(1)), B (−1 I g(−1)), C (−1 I f(−1)) und D (1 I g(1)) ist eine Raute.		

1. Die Abbildung zeigt den Graphen G_f der Funktion f: $f(x) = \frac{6}{x+3}$; $D_f = \mathbb{R}_0^+$.

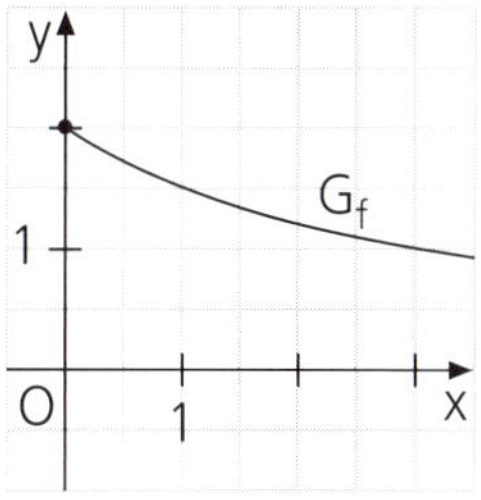

G_f, die Koordinatenachsen und die Gerade g: x = 3 beranden ein Flächenstück mit dem Inhalt A.
Schätzen Sie A mithilfe der Streifenmethode durch drei Rechtecke gleicher Breite „nach oben" sowie durch drei Rechtecke gleicher Breite „nach unten" ab.
Der Inhalt A lässt sich durch den Inhalt eines Rechtecks abschätzen. Geben Sie die Eckpunkte eines geeigneten Rechtecks an und berechnen Sie seinen Flächeninhalt A*.

Abschätzung „nach oben" (Obersumme):

____

Abschätzung „nach unten" (Untersumme):

____

Eckpunkte und Flächeninhalt des Rechtecks:

____

2. Die Abbildung zeigt den Graphen G_f der Funktion f: $f(x) = \ln(x^2)$; $D_f = [1; 10[$.

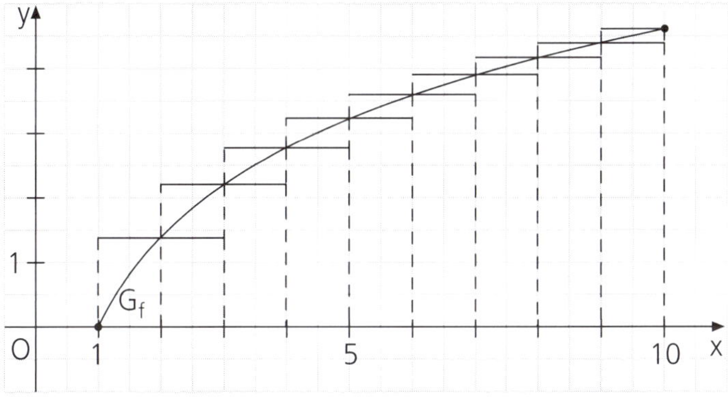

G_f, die x-Achse und die Gerade g: x = 10 beranden ein Flächenstück mit dem Inhalt A.
Schätzen Sie A mithilfe der Streifenmethode durch neun Rechtecke gleicher Breite „nach oben" sowie durch neun Rechtecke gleicher Breite „nach unten" ab.

Wertetabelle:

x	1	2	3	4	5	6	7	8	9	10
f(x)										

Abschätzung „nach oben" (Obersumme):

____

____

Abschätzung „nach unten" (Untersumme):

____

____

3. Deuten Sie jedes der Integrale anhand der zugehörigen Abbildung als Flächeninhalt.

a) $\int_0^{2,5} 0,1x^3\,dx$

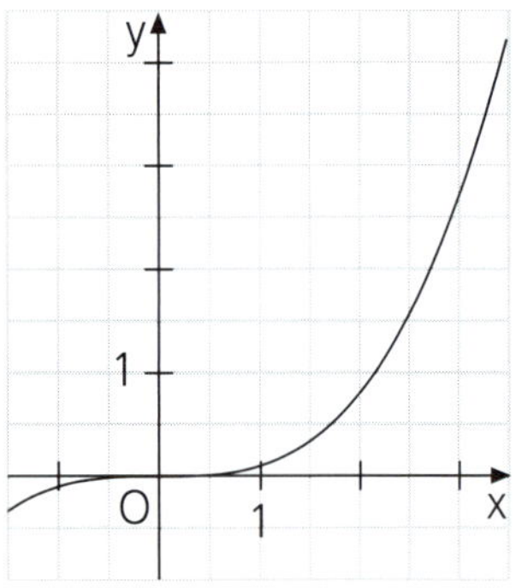

b) $\int_{\frac{3\pi}{2}}^{2\pi} \cos x\,dx$

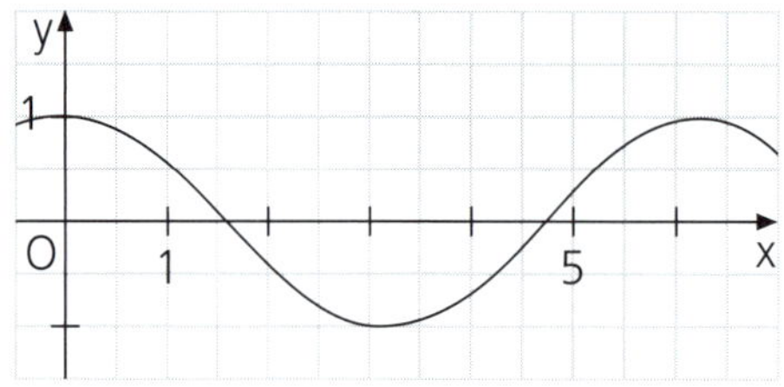

c) $\int_0^{\pi} (1 + \sin x)\,dx$

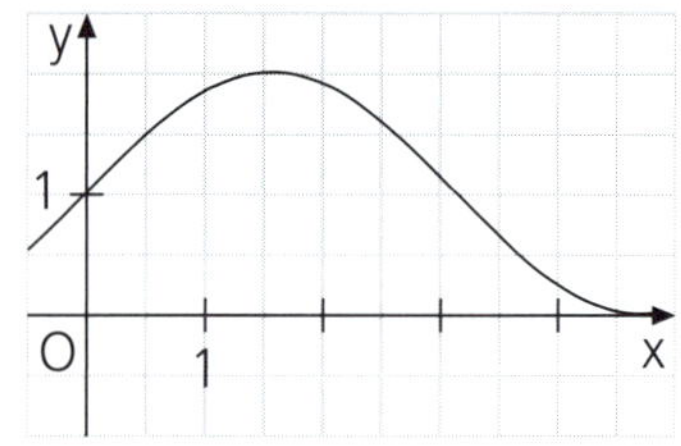

d) $\int_1^{3} [(x-1)^2 + 1]\,dx$

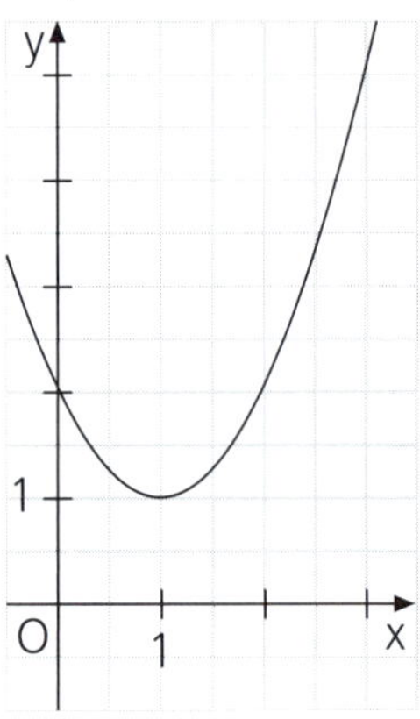

e) $\int_{-1}^{2} 2e^{-x}\,dx$

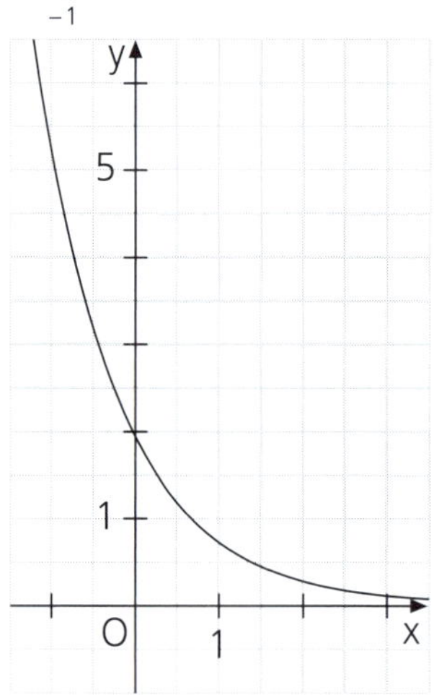

f) $\int_{-2}^{0,5} (2x + 4)\,dx$

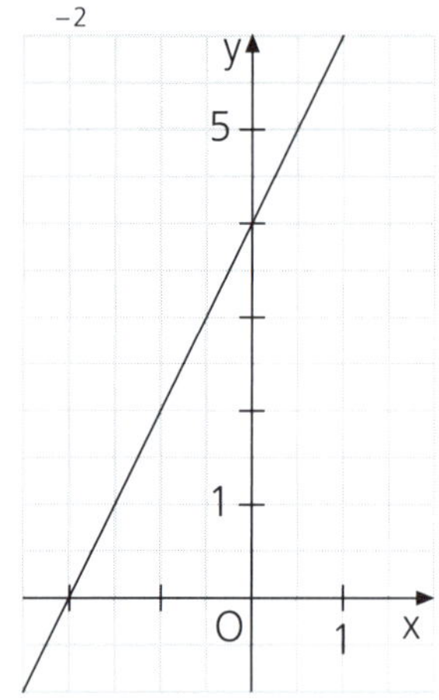

4. Stellen Sie jeweils den Inhalt der getönten Fläche mithilfe der Integralschreibweise dar.

a)

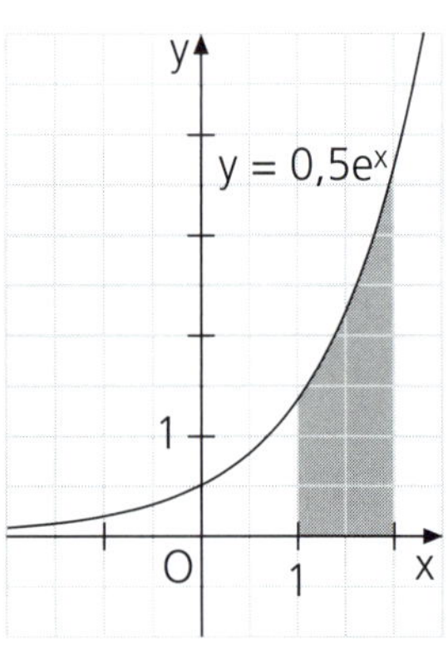

b)

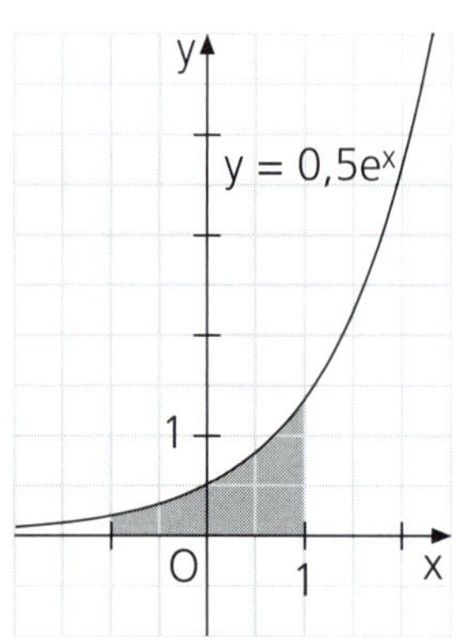

c)

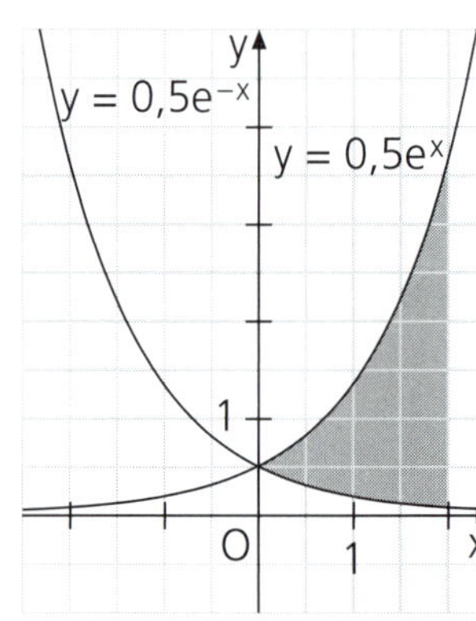

5. Die Abbildungen zeigen jeweils den Graphen G_f der Funktion f: $f(x) = \sin x$; $D_f = \mathbb{R}$.

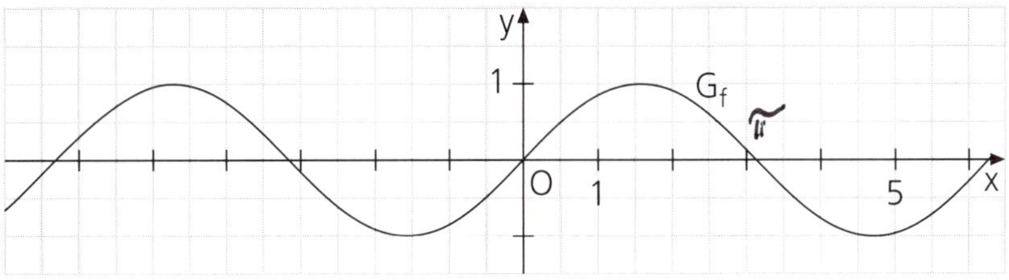

Es ist $\int_0^{\pi} \sin x \, dx = 2$ (Nachweis nicht verlangt).

(1) Geben Sie jeweils den Wert des Integrals an.

a) $\int_0^{\frac{\pi}{2}} \sin x \, dx =$ ____________ b) $\int_{\frac{\pi}{2}}^{\pi} \sin x \, dx =$ ____________ c) $\int_{-\frac{\pi}{2}}^{\frac{\pi}{2}} \cos x \, dx =$ ____________

(2) Die Tangente t_1 an G_f im Punkt O (0 | 0) schneidet die Tangente t_2 an G_f im Punkt P (π | 0) im Punkt S. Berechnen Sie die Koordinaten von S sowie den Inhalt des Flächenstücks, das von t_1, t_2 und G_f berandet wird.

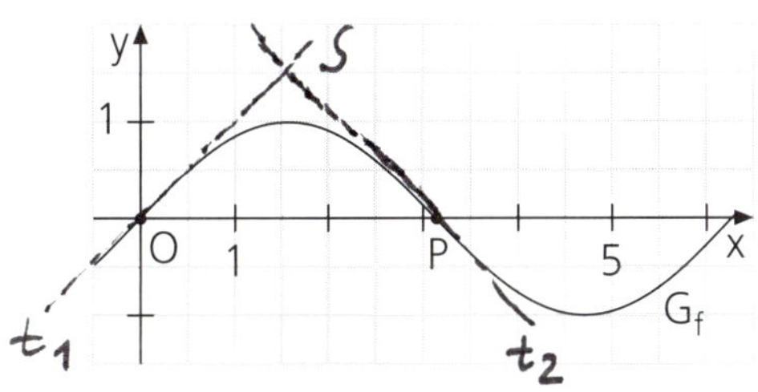

$t_1: y = x$

$t_2: y = -x + \pi$

(3) Ermitteln Sie den Inhalt des getönten Flächenstücks.

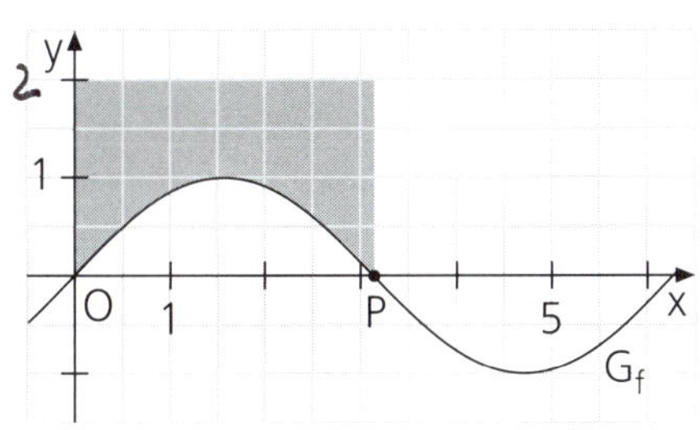

(4) Über der Strecke [OP] mit O (0 | 0) und P (π | 0) als Durchmesser wird ein Kreis k gezeichnet. Ermitteln Sie die Inhalte der beiden Flächenstücke, die von G_f und k berandet werden.

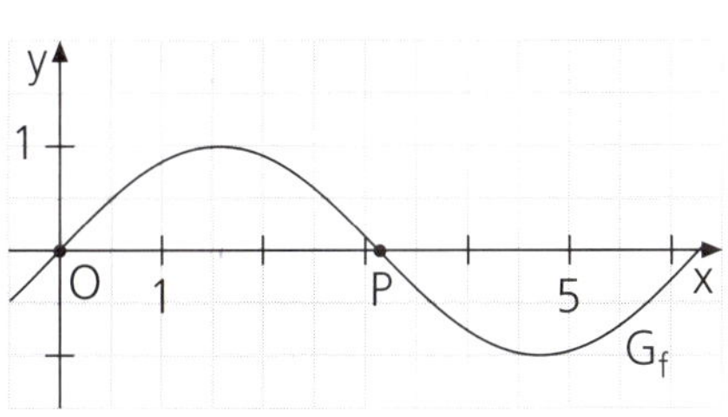

Ges: $\int_0^2 \left(\frac{1}{2}x^3 - 2x\right) dx$

6. Gegeben ist die Funktion f: $f(x) = 0{,}1x^3$; $D_f = \mathbb{R}$; ihr Graph ist G_f.
Das Intervall $I = [0; 4]$ wird in n ($n \in \mathbb{N}\setminus\{1\}$) gleich lange Teilintervalle zerlegt. Über jedem Teilintervall werden zwei Rechtecke errichtet, die dem Graphen G_f (1) „umbeschrieben" bzw. (2) „einbeschrieben" sind. Berechnen Sie zu dieser Zerlegung den Wert der Obersumme S_n und den Wert der Untersumme s_n sowie die beiden Grenzwerte $\lim\limits_{n \to \infty} S_n$ und $\lim\limits_{n \to \infty} s_n$ und deuten Sie das Ergebnis.

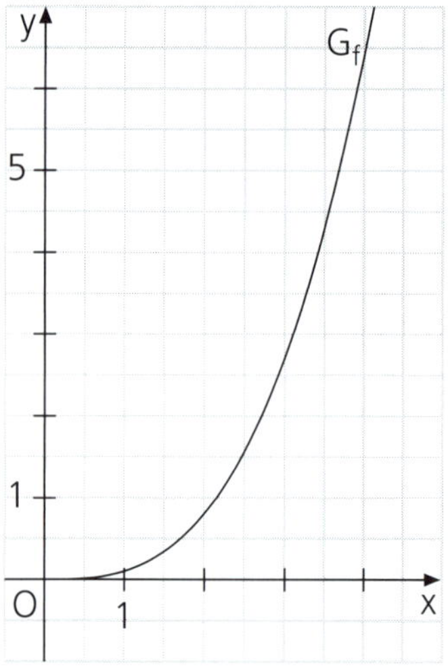

Hinweis:
$1^3 + 2^3 + 3^3 + \ldots + n^3 = \frac{n^2(n+1)^2}{4}$ für jeden Wert von $n \in \mathbb{N}$.

Das Intervall I hat die Länge 4 und wird in n gleiche Teile der Länge $\Delta x =$ ___________ geteilt.

Obersumme:

Untersumme:

Grenzwerte:

Deutung:

7. Geben Sie $\lim\limits_{n \to \infty} \left[\frac{2}{n}\left(e^{1 \cdot \frac{2}{n}} + e^{2 \cdot \frac{2}{n}} + e^{3 \cdot \frac{2}{n}} + \ldots + e^{(n-1) \cdot \frac{2}{n}} + e^{n \cdot \frac{2}{n}}\right)\right]$ in Integralschreibweise an.

Untersuchen Sie, ob der Term $\frac{2}{n}\left(e^{1 \cdot \frac{2}{n}} + e^{2 \cdot \frac{2}{n}} + e^{3 \cdot \frac{2}{n}} + \ldots + e^{(n-1) \cdot \frac{2}{n}} + e^{n \cdot \frac{2}{n}}\right)$ eine Untersumme oder eine Obersumme darstellt, und veranschaulichen Sie den Term für n = 4 geometrisch.

Grundintegrale und **Integrationsregeln** kommen bei den folgenden Aufgaben immer wieder zur Anwendung.

Grundintegrale:

$\int_a^b dx = \int_a^b 1\,dx = b - a$ $\quad \int_a^b x\,dx = \frac{b^2}{2} - \frac{a^2}{2}$ $\quad \int_a^b x^2\,dx = \frac{b^3}{3} - \frac{a^3}{3}$ $\quad \int_a^b x^3\,dx = \frac{b^4}{4} - \frac{a^4}{4}$

Integrationsregeln:

- Faktorregel
  $\int_a^b k \cdot f(x)\,dx = k \cdot \int_a^b f(x)\,dx;\ k \in \mathbb{R}$
- Summenregel
  $\int_a^b [f(x) + g(x)]\,dx = \int_a^b f(x)\,dx + \int_a^b g(x)\,dx$
- Additivität des bestimmten Integrals
  $\int_a^b f(x)\,dx = \int_a^c f(x)\,dx + \int_c^b f(x)\,dx$
- Austausch der Integrationsgrenzen
  $\int_a^b f(x)\,dx = -\int_b^a f(x)\,dx$
- Übereinstimmung der Integrationsgrenzen
  $\int_a^a f(x)\,dx = 0$

1. Berechnen Sie jeweils den Wert des angegebenen Terms.

a)	$\int_1^4 (2x^2 + 1)\,dx$
b)	$\int_0^3 (6x^3 + 1)\,dx$
c)	$\int_4^4 (6x^3 + 1)\,dx$
d)	$\int_0^3 (8x^3 + 1)\,dx - \int_0^3 (4x^3 + 1)\,dx = \int_0^3 (8x^3 + 1 - 4x^3 - 1)\,dx$
e)	$\int_{-1}^1 \left(\frac{x}{2} + 2\right) dx + \int_1^2 \left(\frac{x}{2} + 2\right) dx + \int_2^3 \left(\frac{x}{2} + 2\right) dx = \int_{-1}^3 \left(\frac{x}{2} + 2\right) dx$
f)	$\int_1^2 x^3\,dx + \int_1^2 x^2\,dx = \int_1^2 (x^3 + x^2)\,dx$
g)	$\int_{-1}^1 dx$
h)	$\int_{-2}^0 4\,dx$
i)	$\int_0^1 (2x + x^2)\,dx + \int_1^{1,5} (2x + x^2)\,dx + \int_{1,5}^3 (2x + x^2)\,dx$
j)	$\int_2^3 \frac{x + x^2}{5}\,dx - \int_2^3 \frac{x - x^2}{5}\,dx + 2 \cdot \int_2^3 \frac{x^2}{5}\,dx$

2. Ermitteln Sie jeweils den (die) Wert(e) des Parameters $k \in \mathbb{R}_0^+$.

a) $\int_{-k}^{2k} dx = 27$

b) $\int_{k}^{5} 2x\,dx = 16$

c) $\int_{-k}^{6} (3x^2 + 4x)\,dx = 288$

d) $\int_{0}^{k} 2x^3\,dx + \int_{2}^{4} (2 - x)\,dx = 6$

3. a) Finden Sie jeweils heraus, ob die Aussage wahr ist.

(1) Wenn der Graph der im Intervall $[-a; a]$ integrierbaren Funktion f punktsymmetrisch zum Ursprung ist, dann ist $\int_{-a}^{a} f(x)\,dx = 0$.

(2) Wenn der Graph der im Intervall $[-a; a]$ integrierbaren Funktion f achsensymmetrisch zur y-Achse ist, dann ist $\int_{-a}^{a} f(x)\,dx = 2\int_{0}^{a} f(x)\,dx$.

b) Erläutern Sie, dass die Aussage $\int_{0}^{a} (x^2 + 2)\,dx = -4$ für jeden Wert des Parameters $a \in \mathbb{R}^+$ falsch ist.

4. Ermitteln Sie **a)** $I_1 = \int_{-2}^{2} |x|\,dx$ und **b)** $I_2 = \int_{-a}^{a} |x|\,dx$; $a \in \mathbb{R}^+$.

5. Finden Sie jeweils eine Funktion f, für die $\left[\int_{0}^{1} f(x)\,dx\right]^2 = \int_{0}^{1} [f(x)]^2\,dx$

a) wahr ist.

b) falsch ist.

6. Finden Sie jeweils eine Zahl x_0 aus dem Intervall $I = [a; b]$, für die $\int_{a}^{b} f(x)\,dx = (b - a)f(x_0)$ ist.

a) $f(x) = 0{,}5x$; $I = [2; 4]$

b) $f(x) = 0{,}5x$; $I = [1; 3]$

c) $f(x) = 0{,}5x$; $I = [0; 4]$

Erläutern Sie Ihre Ergebnisse geometrisch.

7. Finden Sie – ohne den Wert des Integrals zu berechnen – heraus, für welche der Funktionen f ($D_f = D_{f\,max}$) $\int_{-a}^{a} f(x)\,dx = 0$; $a \in \mathbb{R}^+$, ist, und geben Sie eine Begründung an.

a) f_1: $f_1(x) = x^3 + 3x$

b) f_2: $f_2(x) = x^3 + x^2 + x$

c) f_3: $f_3(x) = \sin x$

d) f_4: $f_4(x) = x^3 - 4x^5$

e) f_5: $f_5(x) = x \ln(x^2 + e)$

f) f_6: $f_6(x) = \cos x$

1. Zeigen Sie jeweils, dass die Funktion F eine Stammfunktion der Funktion f ist.

	$F: x \mapsto F(x);\ D_F = D_{F\,max}$	$f: x \mapsto f(x);\ D_f = D_F$
a)	$F(x) = x^3 + 4x + 6$	$f(x) = 3x^2 + 4$
b)	$F(x) = \sin(2x)$	$f(x) = 2\cos(2x)$
c)	$F(x) = e^{x^2} + e^2$	$f(x) = 2xe^{x^2}$
d)	$F(x) = x \ln x - x$	$f(x) = \ln x$
e)	$F(x) = \ln(x^2 + x + 1)$	$f(x) = \frac{2x + 1}{x^2 + x + 1}$
f)	$F(x) = \ln \frac{x - 3}{2x}$	$f(x) = \frac{3}{x^2 - 3x}$
g)	$F(x) = \frac{1 - 4e^x}{e^{2x}}$	$f(x) = \frac{4e^x - 2}{e^{2x}}$
h)	$F(x) = 2x + \ln \frac{x - 2}{x + 2}$	$f(x) = 2 + \frac{1}{x - 2} - \frac{1}{x + 2}$
i)	$F(x) = -\ln(1 - \ln x)$	$f(x) = \frac{1}{x(1 - \ln x)}$
j)	$F(x) = -0{,}5x^2 + x - \ln(1 + x)$	$f(x) = \frac{-x^2}{1 + x}$

2. Gegeben ist jeweils ein Funktionsterm f(x); ermitteln Sie einen zugehörigen Stammfunktionsterm F(x).

	f(x)	F(x)
a)	$f(x) = \sqrt{2x}$	$F(x) = \sqrt{2} \cdot \frac{2}{3} \cdot x^{\frac{3}{2}} = \frac{2\sqrt{2}}{3}\, x \sqrt{x}$
b)	$f(x) = \frac{6}{x}$	
c)	$f(x) = \frac{6}{x + 3}$	
d)	$f(x) = e^{1 - 2x}$	
e)	$f(x) = \cos(2x)$	
f)	$f(x) = \frac{\cos x}{2 \sin x}$	
g)	$f(x) = \frac{6x}{1 + 3x^2}$	
h)	$f(x) = \frac{3e^{3x}}{1 + e^{3x}}$	
i)	$f(x) = x - \frac{2}{x}$	
j)	$f(x) = 2xe^{-x^2}$	

3. Ordnen Sie zunächst jedem Integranden f(x) den Graphen G_f zu. Berechnen Sie dann jeweils den Wert des bestimmten Integrals und veranschaulichen Sie den Integralwert geometrisch.

a) $\int_0^2 (3 - x)\,dx$ b) $\int_1^2 3\,dx$ c) $\int_0^3 \frac{1}{16}x^3\,dx$

d) $\int_{-1}^1 (e^x + e^{-x})\,dx$ e) $\int_1^2 \frac{2}{x^2}\,dx$ f) $\int_{1,5}^{3,5} \frac{\frac{1}{x}}{\ln x}\,dx$

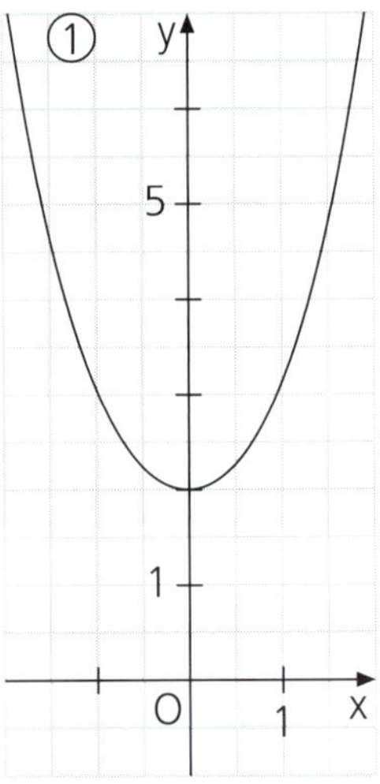

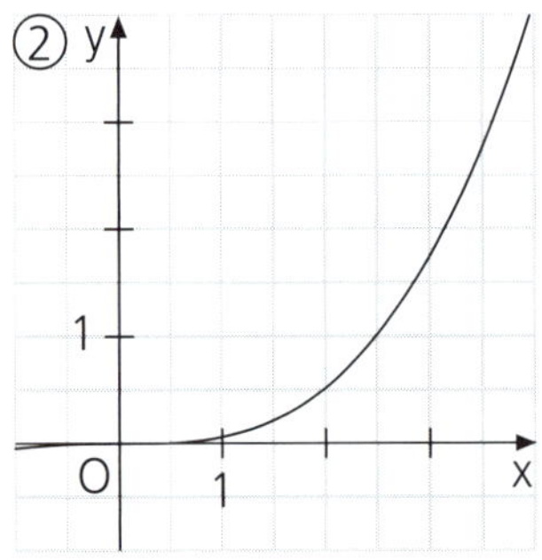

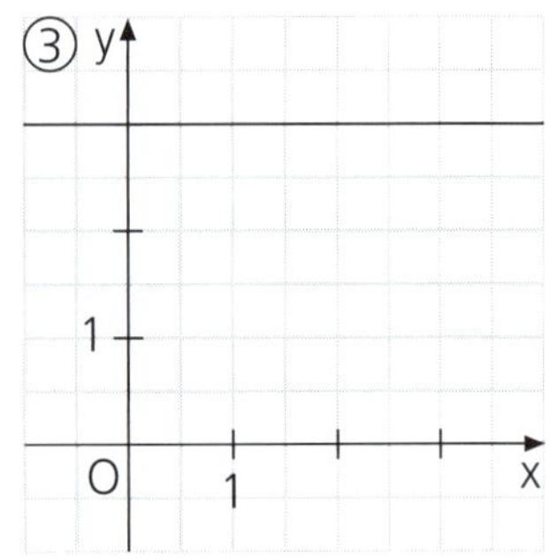

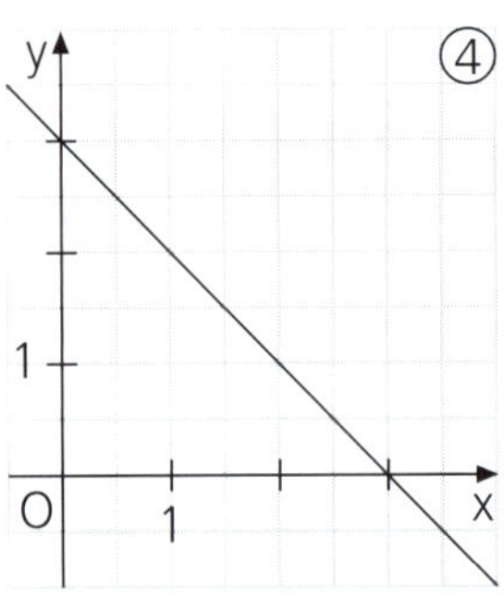

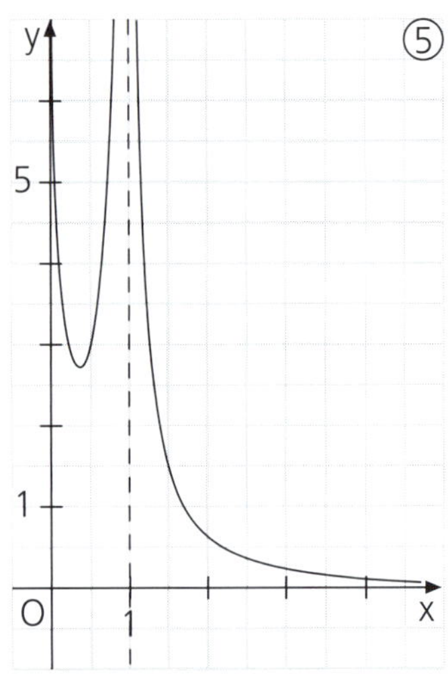

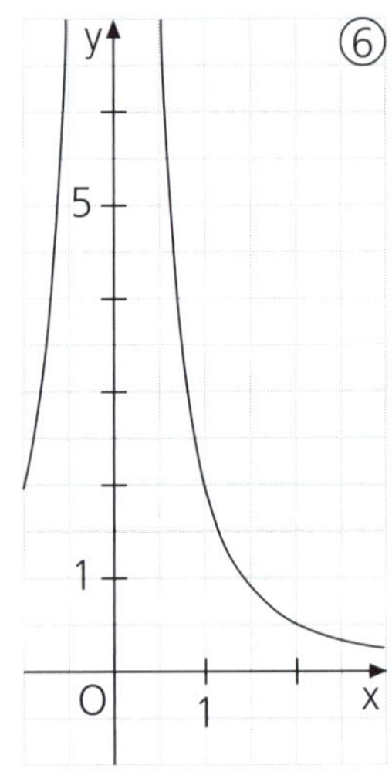

4. Bestimmen Sie jeweils den Wert des Parameters $a \in \mathbb{R}$ so, dass eine wahre Aussage entsteht.

a) $3\int_0^a (1 + x)\,dx = 36;\ a > 0$ b) $\int_1^a 10x^4\,dx = 62;\ a > 1$

c) $\int_{-1}^a (2 - 8x^3)\,dx = 4;\ a > -1$ d) $\int_1^a \frac{1}{x}\,dx = 2;\ a > 1$

e) $\int_0^a \frac{2x}{1 + x^2}\,dx = \ln 5;\ a > 0$ f) $\int_{-a}^a (2 + x^2)\,dx = 4\frac{2}{3};\ a > 0$

5. Ermitteln Sie jeweils eine integralfreie Darstellung der Integralfunktion.

a) F_1: $F_1(x) = \int_1^x \frac{4}{t^2}\,dt;\ D_{F_1} = \mathbb{R}^+$ b) F_e: $F_e(x) = \int_e^x \left(\frac{t}{e} - \frac{t^2}{2}\right)dt;\ D_{F_e} = \mathbb{R}$

c) F_0: $F_0(x) = \frac{1}{2}\int_0^x (e^t - e^{-t})\,dt;\ D_{F_0} = \mathbb{R}$ d) F_{e^2}: $F_{e^2}(x) = \int_{e^2}^x \frac{1}{t}\,dt;\ D_{F_{e^2}} = \mathbb{R}^+$

e) F_π: $F_\pi(x) = \int_\pi^x (\sin t + \cos t)\,dt;\ D_{F_\pi} = \mathbb{R}$ f) F_3: $F_3(x) = \int_3^x \sqrt{t + 1}\,dt;\ D_{F_3} = \mathbb{R}^+$

6. Der Graph $G_{f'}$ der Ableitungsfunktion f′ der Funktion f hat die Achsenpunkte $P_1\ (-\frac{1}{2} \mid 0)$ und $P_2\ (0 \mid -2)$; P_2 ist gleichzeitig Tiefpunkt von $G_{f'}$.

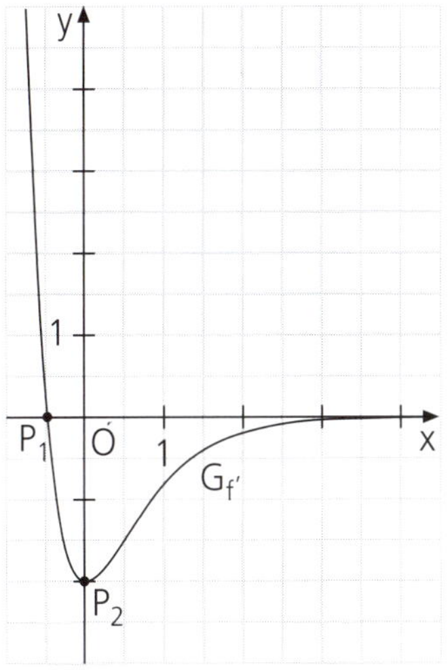

a) Beschreiben Sie das Monotonieverhalten der Funktion f, ermitteln Sie die Abszisse des Extrempunkts von G_f und geben Sie die Art dieses Extrempunkts an.

b) Begründen Sie, dass G_f einen Wendepunkt W besitzt, geben Sie seine Abszisse an und beschreiben Sie das Krümmungsverhalten von G_f.

c) Skizzieren Sie denjenigen Graphen G_{f^*}, der durch den Punkt P (0 | 2) verläuft.

d) Es ist $F(x) = \int_0^x f^*(t)\,dt$ [vgl. Teilaufgabe c)].

Geben Sie jeweils das Vorzeichen von F(1) und von F(−0,5) an.

ABI 7. Gegeben ist die Funktion $f\colon x \mapsto \frac{2e^x}{2 - e^x}$ mit maximalem Definitionsbereich D_f; ihr Graph ist G_f.

(1) a) Bestimmen Sie D_f und untersuchen Sie G_f auf Schnittpunkte mit den Koordinatenachsen.

b) Untersuchen Sie das Verhalten von f an den Rändern von D_f.

c) Ermitteln Sie das Monotonieverhalten der Funktion f und geben Sie ihre Wertemenge W_f an.

d) Zeichnen Sie unter Verwendung der bisherigen Ergebnisse und von f′(0) den Graphen G_f im Bereich $-5 \leqq x \leqq 5$.

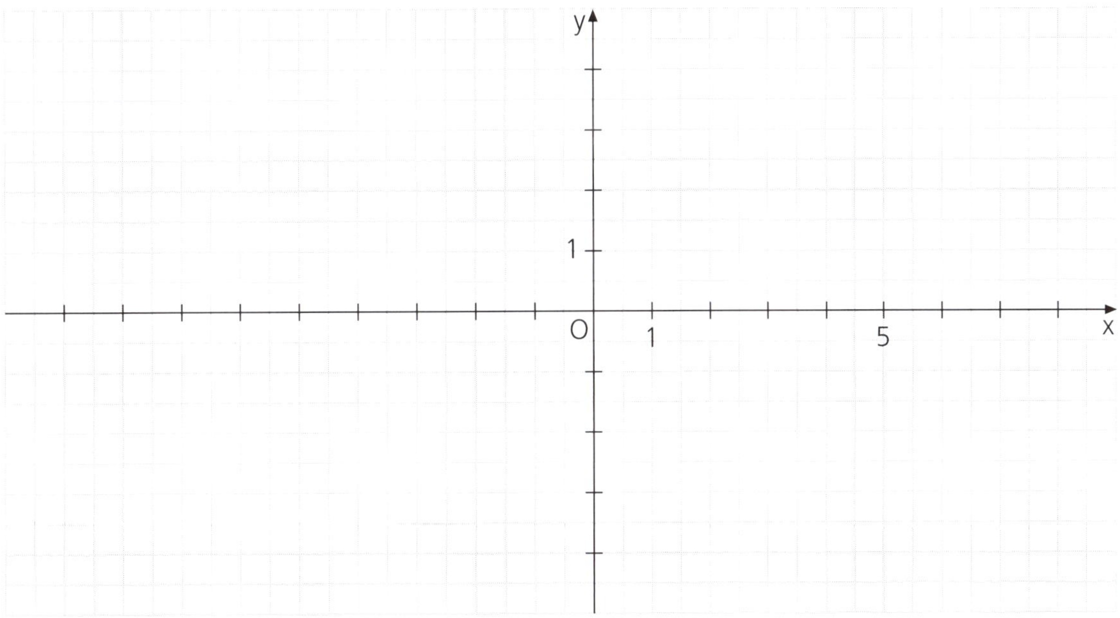

(2) a) Zeigen Sie, dass $F\colon x \mapsto \ln \frac{1}{(2 - e^x)^2}$ mit $x \in D_f$ eine Stammfunktion von f ist.

b) Geben Sie die Integralfunktion $I\colon x \mapsto \int_0^x f(t)\,dt;\ x \in \mathbb{R}_0^-$, in integralfreier Darstellung an und bilden Sie $\lim\limits_{x \to -\infty} I(x)$.

Wie lässt sich der Betrag dieses Grenzwerts geometrisch deuten?

(3) a) Begründen Sie, dass die Funktion f umkehrbar ist.
Bestimmen Sie die Umkehrfunktion $f^{-1}\colon x \mapsto f^{-1}(x)$ mit ihrem Definitionsbereich $D_{f^{-1}}$.

b) Tragen Sie den Graphen $G_{f^{-1}}$ der Umkehrfunktion f^{-1} in das Koordinatensystem von Teilaufgabe (1) d) ein.

8. Die Abbildung zeigt die Graphen G_f und G_g der Funktionen f: $f(x) = \ln(4 + x) - \ln(4 - x)$; $D_f =]-4; 4[$, und g: $g(x) = \ln(4 + x)$; $D_g =]-4; 4[$.

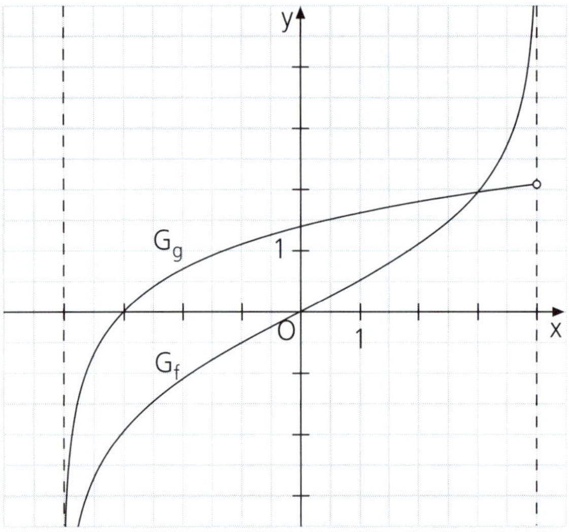

a) Zeigen Sie, dass G_f und G_g genau einen gemeinsamen Punkt S (x_s | y_s) haben, und bestimmen Sie dessen Koordinaten. [*Zur Kontrolle*: $x_s = 3$]

b) Zeigen Sie, dass G_f für $x \in]-4; 3[$ unterhalb und für $x \in]3; 4[$ oberhalb von G_g verläuft.

c) Beweisen Sie, dass K: $x \mapsto -x - (4 - x) \cdot \ln(4 - x)$ mit $D_K =]-4; 4[$ eine Stammfunktion der Funktion k: $x \mapsto g(x) - f(x)$; $D_k =]-4; 4[$, ist, und berechnen Sie $I_1 = \int_0^1 [g(x) - f(x)]\,dx$ auf zwei Dezimalen genau.

d) Begründen Sie, für welchen Wert von $t \in]-4; 4[$ das Integral $I(t) = \int_0^t [g(x) - f(x)]\,dx$ den größten Wert annimmt.

9. Gegeben ist eine Schar von Funktionen f_a: $f_a(x) = e^x(x - a)$; $D_{f_a} = \mathbb{R}$; $a \in \mathbb{R}$. Die Abbildung zeigt G_{f_1} und G_{f_2}.

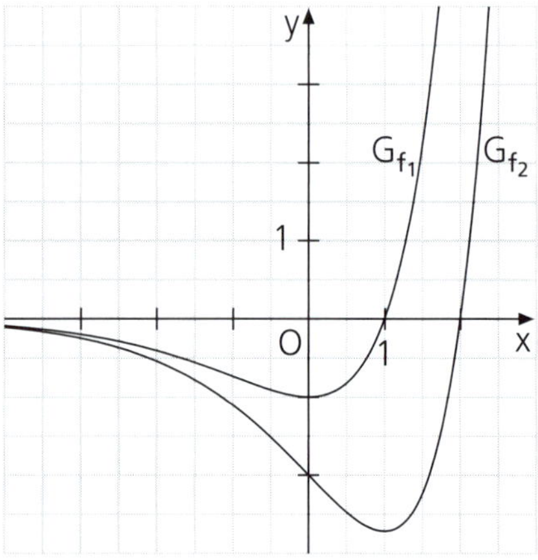

a) Zeigen Sie, dass f_{a+1} eine Stammfuntion von f_a ist.

b) Der Graph G_{f_1}, die positive x-Achse und die negative y-Achse beranden im IV. Quadranten ein Flächenstück vom Inhalt A. Berechnen Sie A.

c) Der Flächeninhalt A aus Teilaufgabe b) lässt sich durch den Flächeninhalt A* eines geeigneten Viertelkreises abschätzen. Um wie viel Prozent weicht dieser Näherungswert A* vom exakten Wert A ab?

d) Beschreiben Sie, welche geometrische Bedeutung der Wert des Terms $\int_{-1}^{1} f_1(x)\,dx - \int_{-1}^{2} f_2(x)\,dx$ besitzt.

- Liegt der eine Funktionsgraph, G_f, zwischen $x = a$ und $x = b > a$ stets oberhalb des anderen Funktionsgraphen G_g, so ist der Inhalt A des getönten Flächenstücks durch $A = \int_a^b [f(x) - g(x)]\,dx$ gegeben.
- Zerfällt die von den Funktionsgraphen G_f und G_g zwischen $x = a$ und $x = b$ berandete Fläche in zwei oder mehr einzelne Flächenstücke, dann ergibt sich der Gesamtflächeninhalt als Summenwert der einzelnen Flächeninhalte.

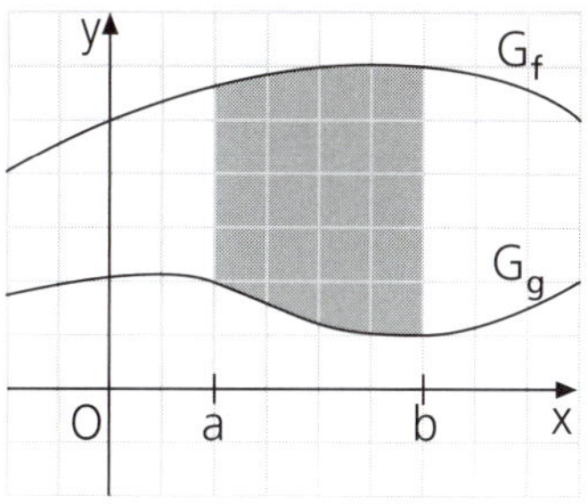

1. Die Graphen G_f und G_g der Funktionen f und g haben jeweils genau die beiden Punkte S ($x_S = a$) und T ($x_T = b > a$) gemeinsam. Skizzieren Sie jeweils G_f und G_g und berechnen Sie dann den Inhalt A des von G_f und G_g berandeten Flächenstücks.

a) f: $f(x) = 2 - x^2$; $D_f = \mathbb{R}$; g: $g(x) = x^2$; $D_g = \mathbb{R}$

b) f: $f(x) = 5 - x^2$; $D_f = \mathbb{R}$; g: $g(x) = x^2 - 2x + 1$; $D_g = \mathbb{R}$

c) f: $f(x) = \sqrt{2x}$; $D_f = \mathbb{R}_0^+$; g: $g(x) = \frac{x^2}{2}$; $D_g = \mathbb{R}$

2. Um wie viel muss die Parabel P: $y = -x^2$ in Richtung der y-Achse nach oben verschoben werden, damit sie dann mit der x-Achse ein Flächenstück mit dem Inhalt 36 FE einschließt?

ABI 3. Veranschaulichen Sie mithilfe nebenstehender Abbildung $A = \int_1^k \frac{4x}{x^2 + 4}\,dx$; $k > 1$, und ermitteln Sie dann den Wert des Parameters k so, dass A den Wert 4 ln 2 besitzt.

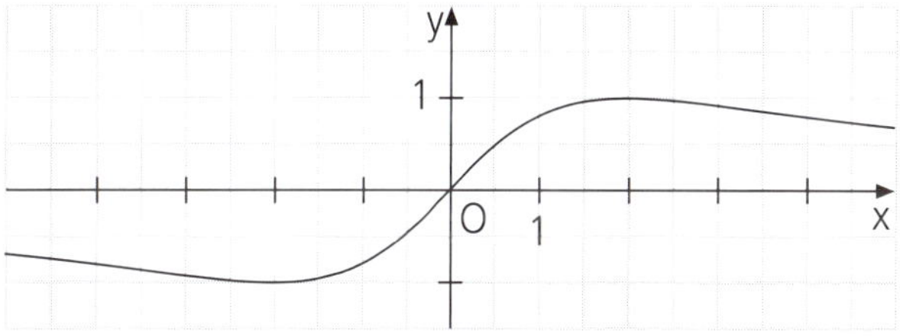

ABI 4. Zeigen Sie, dass die Funktion F: $F(x) = 3\ln(e^x + 1) - 2x$; $D_F = \mathbb{R}$, eine Stammfunktion der Funktion f: $f(x) = \frac{e^x - 2}{e^x + 1}$; $D_f = \mathbb{R}$, ist. Berechnen Sie dann den Inhalt A des Flächenstücks, das von G_f, der y-Achse und den Geraden mit den Gleichungen $y = 1$ bzw. $x = 4$ berandet wird, auf drei Dezimalen genau.

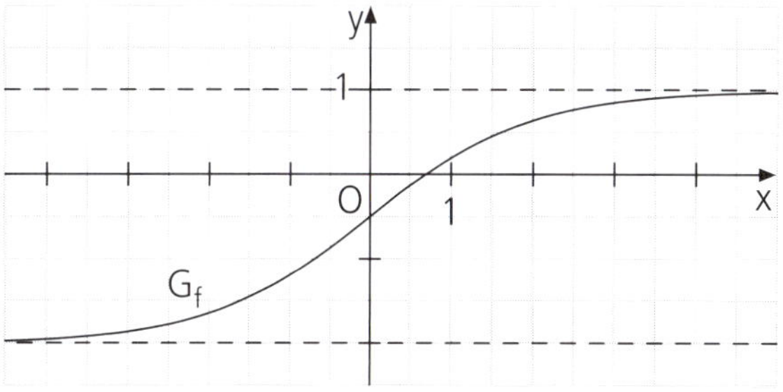

ABI 5. Gegeben ist die Funktion f: $f(x) = x + 2 - \frac{2}{x + 1}$; $D_f = \mathbb{R}\setminus\{-1\}$, und ihr Graph G_f. Berechnen Sie den Inhalt A(b) des Flächenstücks, das von G_f, der schrägen Asymptote a_2 von G_f und den Geraden g: $x = 1$ und h: $x = b > 1$ berandet wird. Untersuchen Sie das Verhalten von A(b) für $b \to \infty$.

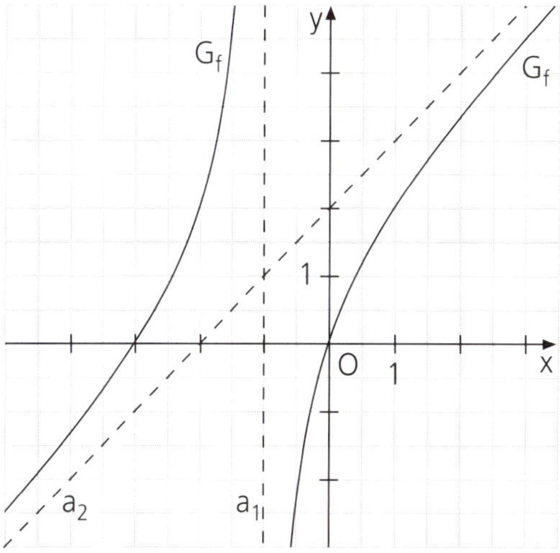

ABI **6.** Gegeben ist die Funktion f: $f(x) = \frac{2(x+1)}{e^{2x}}$; $D_f = \mathbb{R}$.
Zeigen Sie, dass die Funktion F: $F(x) = -(x + 1{,}5)e^{-2x}$; $D_F = \mathbb{R}$, eine Stammfunktion der Funktion f ist.
Im I. Quadranten beranden G_f, die x-Achse, die Gerade w: $y = 2 - 2x$ und die Gerade h: $x = k > 1$ ein Flächenstück mit dem Inhalt A(k).

a) Ermitteln Sie A(k).

b) Untersuchen Sie $\lim\limits_{k \to \infty} A(k)$ und deuten Sie Ihr Ergebnis.

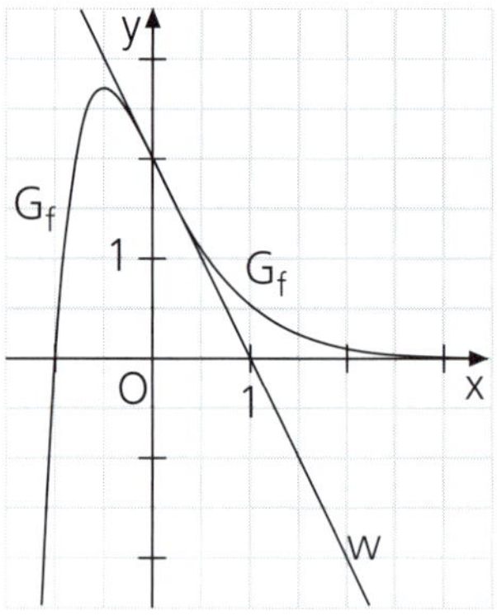

7. Vorgelegt sind die Funktionen f: $f(x) = \frac{1}{x(1 - \ln x)}$; $D_f =]0; e[$, und h: $h(x) = \frac{2}{x}$; $D_h = \mathbb{R}^+$; ihre Graphen sind G_f und G_h.

a) Ermitteln Sie die Koordinaten des Punkts S, den die Graphen G_f und G_h miteinander gemeinsam haben.

b) Zeigen Sie, dass die Funktion F: $F(x) = -\ln(1 - \ln x)$; $D_F =]0; e[$, eine Stammfunktion der Funktion f ist.

c) Ermitteln Sie den Inhalt A des ganz im Endlichen gelegenen Flächenstücks, das von den Graphen der Funktionen f und h sowie von der Geraden mit der Gleichung x = 1 berandet wird.
Finden Sie heraus, um wie viel Prozent A vom Inhalt des Dreiecks mit den Eckpunkten S [vgl. Teilaufgabe a)], I (1 | h(1)) und E (1 | f(1)) abweicht.

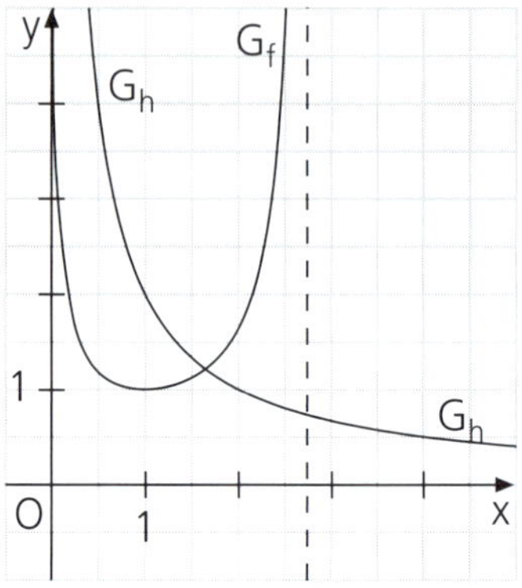

8. Gegeben sind die Funktionen f: $f(x) = 0{,}5x^2 + 1$; $D_f = \mathbb{R}_0^+$, und g: $g(x) = \sin x$; $D_g = \mathbb{R}_0^+$, sowie ihre Graphen G_f und G_g.
Tragen Sie in die nebenstehende Abbildung die Eckpunkte des Quadrats FORT mit F (0 | π), O (0 | 0), R (π | 0) und T (π | π) ein und ermitteln Sie dann den Inhalt A des getönten Flächenstücks.

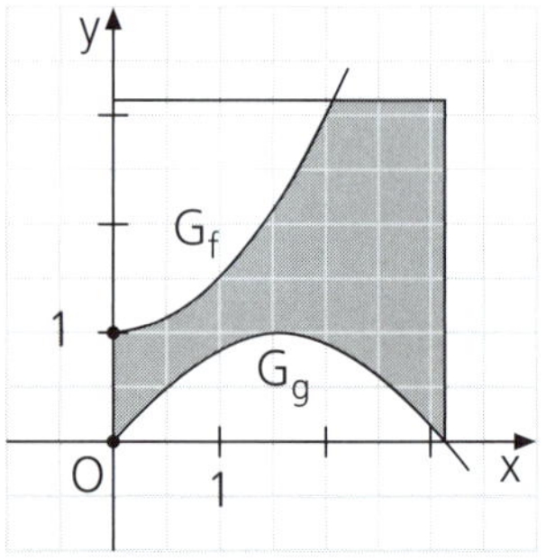

9. Vorgelegt ist die Schar von Funktionen f_a: $f_a(x) = \frac{2x}{a^2} - \frac{x^2}{a^3}$; $a \in \mathbb{R}\setminus\{0\}$; $D_{f_a} = \mathbb{R}$; der Graph von f_a ist die Parabel G_{f_a}.

a) Die Abbildung zeigt die Graphen G_{f_1}, $G_{f_{-1}}$, G_{f_2} und $G_{f_{-2}}$. Ermitteln Sie für jeden dieser vier Graphen den Inhalt A_a des Flächenstücks, das der Graph mit der x-Achse berandet. Was fällt Ihnen auf? Finden Sie eine Verallgemeinerung dieses Problems.

b) Geben Sie eine Gleichung der Kurve K an, auf der die Scheitel aller Scharparabeln liegen.

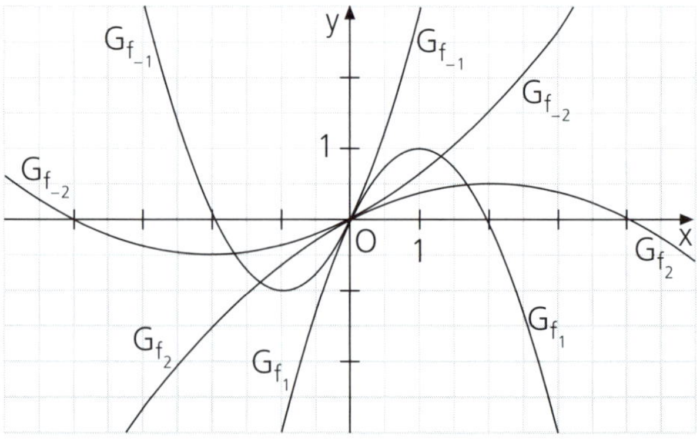

10. Vorgelegt sind die Funktionen f: $f(x) = e^{2x}$, g: $g(x) = e^{-x}$ und h: $h(x) = e^{6-4x}$;
$D_f = D_g = D_h = \mathbb{R}$.

a) Die nebenstehende Abbildung zeigt ihre Graphen. Ordnen Sie Funktionen und Graphen einander zu.

b) Ermitteln Sie den Inhalt A der Fläche, die von G_f, G_g und G_h berandet wird. Um wie viel Prozent ist A kleiner als der Flächeninhalt des Dreiecks mit den Eckpunkten T (0 | 1), R $(2 \mid \frac{1}{e^2})$ und E $(1 \mid e^2)$?

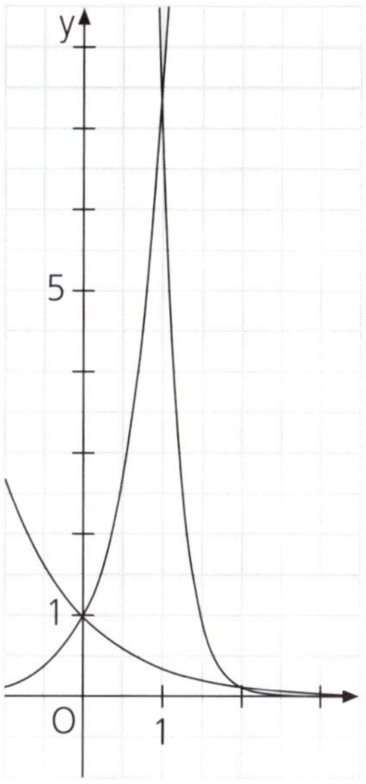

11. Die nebenstehende Abbildung zeigt die Graphen G_f und G_g der Funktionen f: $f(x) = \frac{x^2}{3} + \frac{2x}{3}$ und g: $g(x) = \frac{x^3}{3} - \frac{4x}{3}$; $D_f = D_g = \mathbb{R}$.

a) Ordnen Sie Funktionen und Graphen einander zu.

b) Bestimmen Sie die Koordinaten der Punkte, die G_f und G_g miteinander gemeinsam haben.

c) Ermitteln Sie den gesamten Flächeninhalt der beiden getönten Bereiche.

d) Berechnen Sie $I = \int_{-2}^{3} [f(x) - g(x)]\,dx$ und deuten Sie das Ergebnis.

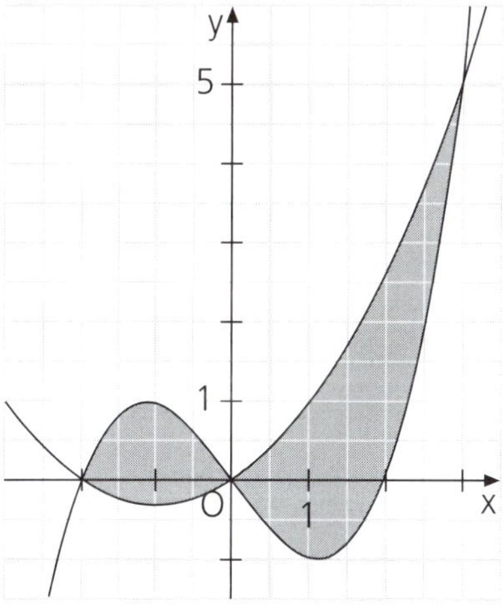

12. Gegeben sind die Funktionen f: $f(x) = \frac{8x}{1 + x^2}$ und g: $g(x) = x$;
$D_f = D_g = \mathbb{R}$, sowie ihre Graphen G_f und G_g.

a) Ordnen Sie Funktionen und Graphen einander zu.

b) Die Graphen haben miteinander den Ursprung O und die beiden Punkte P $(x_1 \mid g(x_1))$ und Q $(x_2 \mid g(x_2))$ mit $x_1 < x_2$ gemeinsam. Ermitteln Sie die Koordinaten der Punkte P und Q.

c) Berechnen Sie den Inhalt des getönten Bereichs.

d) Begründen Sie, dass $\int_{x_1}^{x_2} [f(x) - g(x)]\,dx = 0$ ist.

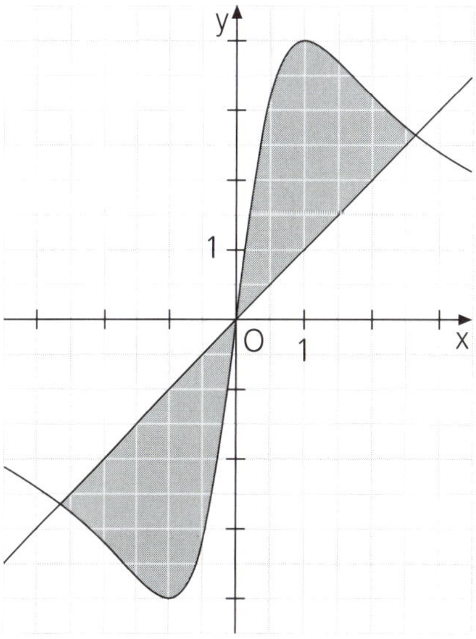

13. Die nebenstehende Abbildung zeigt die Graphen G_f und G_g von zwei ganzrationalen Funktionen f und g.
Sie schneiden einander in drei Punkten mit den Abszissen x_1, x_2 und x_3 $(x_1 < x_2 < x_3)$.
Beschreiben Sie den Flächeninhalt jedes der beiden getönten Bereiche durch ein Integral.

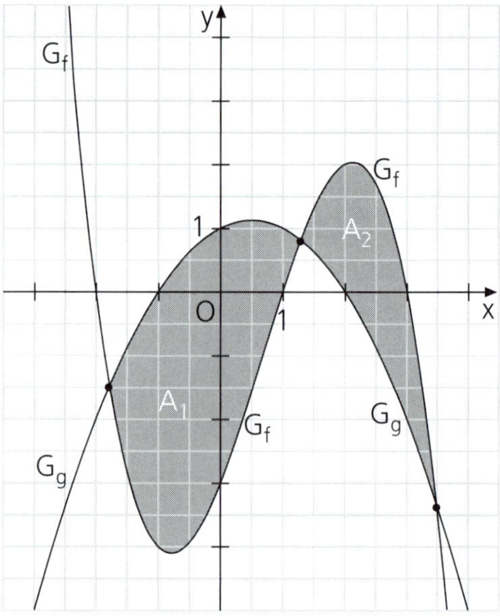

14. Ermitteln Sie diejenige Funktion f mit $D_f = \mathbb{R}$, für die $f'(x) = -2x$ gilt und deren Graph G_f mit der x-Achse ein Flächenstück mit dem Inhalt $A = \frac{32}{3}$ einschließt.
Welchen Bruchteil des diesem Flächenstück umbeschriebenen achsenparallelen Quadrats nimmt das Flächenstück ein?

15. Gegeben sind die Funktionen $f: x \mapsto -\frac{1}{2}x^2 + 2$ und $g: x \mapsto \frac{1}{2}x^2 - 2$; $D_f = D_g = \mathbb{R}$; ihre Funktionsgraphen sind G_f und G_g.

a) Zeichnen Sie zunächst G_f und G_g und ermitteln Sie dann den Inhalt F des Flächenstücks, das G_f und G_g miteinander beranden.

b) Dem von G_f und G_g berandeten Flächenstück werden Rechtecke einbeschrieben, von denen jeweils zwei Seiten parallel zur x-Achse liegen. Ermitteln Sie den größtmöglichen Flächeninhalt A eines solchen Rechtecks. Ist das optimale Rechteck ein Quadrat? Wie viel Prozent von F [vgl. Teilaufgabe a)] beträgt A_{max}?

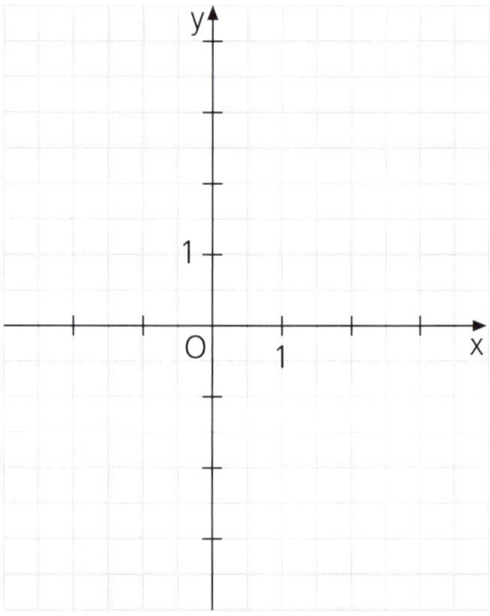

16. Vorgelegt ist die Funktion f mit $f(x) = (x - 2e) \ln x$ und $D_f = \mathbb{R}^+$; ihr Graph ist G_f.

a) Ermitteln Sie die Koordinaten der Achsenpunkte von G_f. Untersuchen Sie G_f auf Extrem- und auf Wendepunkte. Skizzieren Sie G_f.

b) Spiegeln Sie G_f an der x-Achse und geben Sie die Funktion f* an, deren Graph G_{f^*} das Spiegelbild von G_f ist.

c) Zeigen Sie zunächst, dass die Funktion F mit $F(x) = \left(\frac{x^2}{2} - 2ex\right) \ln x - \frac{x^2}{4} + 2ex$ und $D_F = \mathbb{R}^+$ eine Stammfunktion der Funktion f ist, und berechnen Sie dann den Inhalt des von G_f und G_{f^*} [vgl. Teilaufgabe b)] berandeten Bereichs.

d) Die Punkte V (1 | 0), I (e | f (e)), E (2e | 0) und R (e | f*(e)) bilden ein besonderes Viereck. Geben Sie mindestens zwei Eigenschaften dieses Vierecks an.

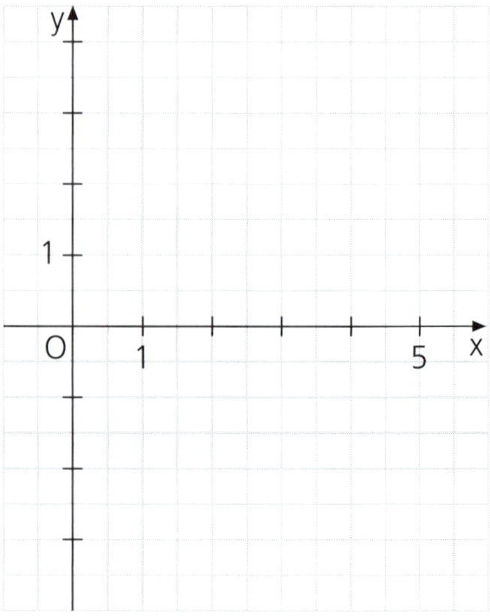

ABI 17. Die Abbildung zeigt den Graphen der Funktion
$f\colon f(x) = 0{,}25x^3 - 3x^2 + 9x;\ D_f = \mathbb{R}$.

a) Zeigen Sie, dass die Punkte $E_1\ (2 \mid 8)$ und $E_2\ (6 \mid 0)$ Extrempunkte von G_f sind, und ermitteln Sie deren Art.

b) Beschreiben Sie das Krümmungsverhalten von G_f und geben Sie die Koordinaten des Wendepunkts W von G_f an.

c) Die Gerade g verläuft durch die Extrempunkte von G_f. Geben Sie eine Gleichung von g an.
Zur Kontrolle: g: $y = g(x) = 12 - 2x$
Berechnen Sie $\int_2^6 [f(x) - g(x)]\,dx$ und deuten Sie das Ergebnis geometrisch.

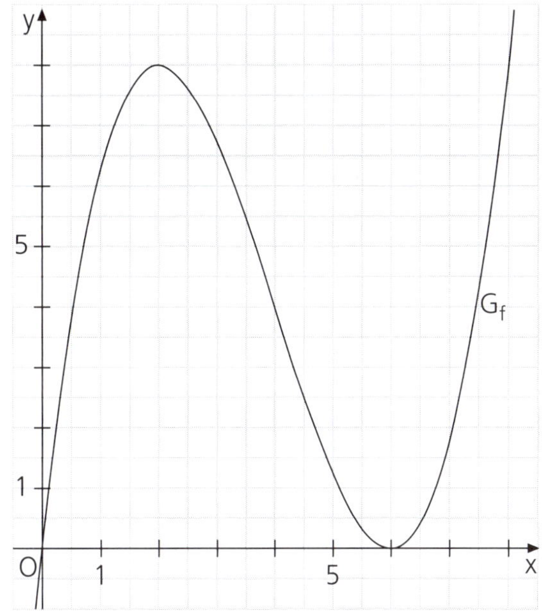

ABI 18. Die nebenstehende Abbildung zeigt den Graphen der Funktion $f\colon f(x) = \frac{4(x^2 - 1)}{x^2 + 2};\ D_f = \mathbb{R}$.

a) G_f und die x-Achse beranden ein Flächenstück; finden Sie für seinen Flächeninhalt A mithilfe eines passenden Dreiecks einen Näherungswert A_1.

b) Zur Ermittlung eines weiteren Näherungswerts für den Inhalt A der Fläche, die G_f mit der x-Achse berandet, wird der Graph der Funktion f durch den Graphen einer quadratischen Funktion ersetzt, der durch den Punkt $T\ (0 \mid -2)$ und die Schnittpunkte von G_f mit der x-Achse verläuft. Berechnen Sie diesen Näherungswert A_2 und vergleichen Sie ihn mit A_1 [vgl. Teilaufgabe a)].

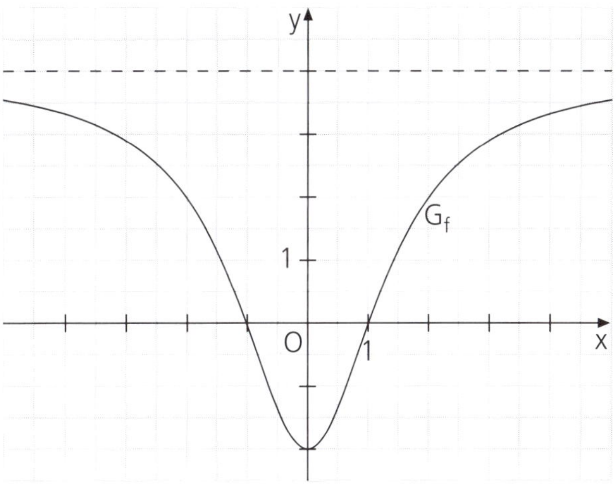

19. Spiegelt man den Graphen G_f der Funktion $f\colon f(x) = \frac{1}{6}(x^3 - 9x)$; $D_f = [0; \sqrt{15}]$, an der Winkelhalbierenden a des I. und III. Quadranten, so erhält man eine blattförmige Figur.

a) Zeichnen Sie sie und ermitteln Sie den Inhalt der Blattfläche.

b) Ist das Spiegelbild von G_f Graph einer Funktion?

c) Berechnen Sie die Länge l der Blattachse und beschreiben Sie, wie man die „Breite“ b des Blatts experimentell ermitteln könnte.

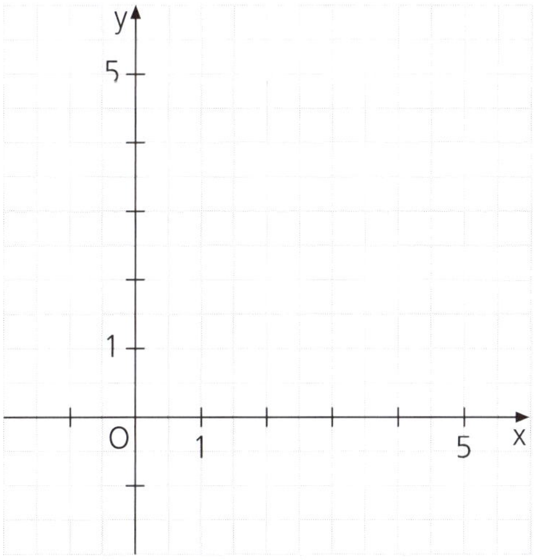

20. Finden Sie heraus, für welchen Wert des Parameters $a \in \mathbb{R}^+$ die Gleichung $\int_0^a x^2\,dx = \int_0^a x\,dx$ gilt.
Veranschaulichen Sie Ihr Ergebnis geometrisch.

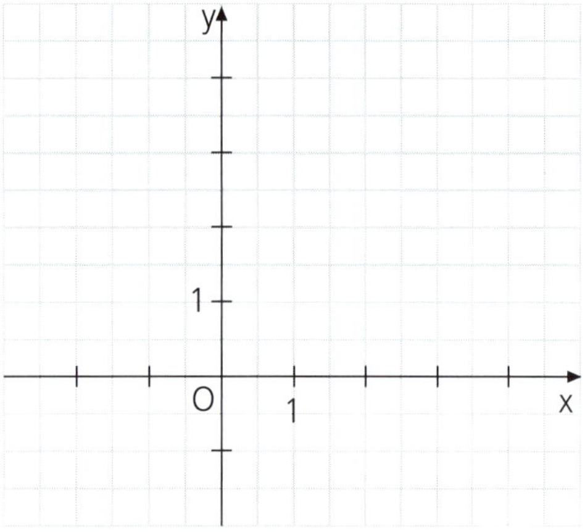

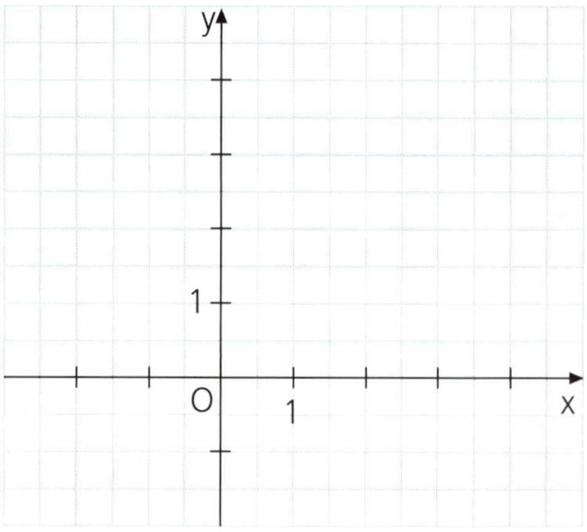

ABI 21. Gegeben sind die Funktionen f: $f(x) = xe^x$; $D_f = \mathbb{R}$, und g: $g(x) = e^x$; $D_g = \mathbb{R}$; ihre Graphen sind G_f bzw. G_g.

a) Beschreiben Sie das Verhalten von f für $x \to \infty$.
Stellen Sie fest, ob f Nullstellen hat, und geben Sie eine Gleichung der Asymptote von G_f an.

b) Für welchen Wert von a ist $(x + a) \cdot e^x$ der Term der Ableitungsfunktion von f? Für welchen Wert von b ist $(x + b) \cdot e^x$ der Term einer Stammfunktion von f?

c) Untersuchen Sie G_f auf lokale Extrempunkte und die Art dieser Extrempunkte. Untersuchen Sie das Monotonieverhalten der Funktion f mithilfe ihrer ersten Ableitung f′. Welchen Wertebereich hat f?

d) Zeigen Sie, dass G_f und G_g miteinander genau einen Punkt gemeinsam haben. Geben Sie die Koordinaten dieses Punkts S an und berechnen Sie auf eine Dezimale genau die Größe der spitzen Winkel zwischen den Tangenten an die beiden Graphen im Punkt S.

e) Zeichnen Sie unter Verwendung der bisherigen Ergebnisse und einiger Funktionswerte die Graphen beider Funktionen in ein und dasselbe Koordinatensystem ein. Tragen Sie auch die beiden Tangenten aus Teilaufgabe d) möglichst genau in dieses Koordinatensystem ein.

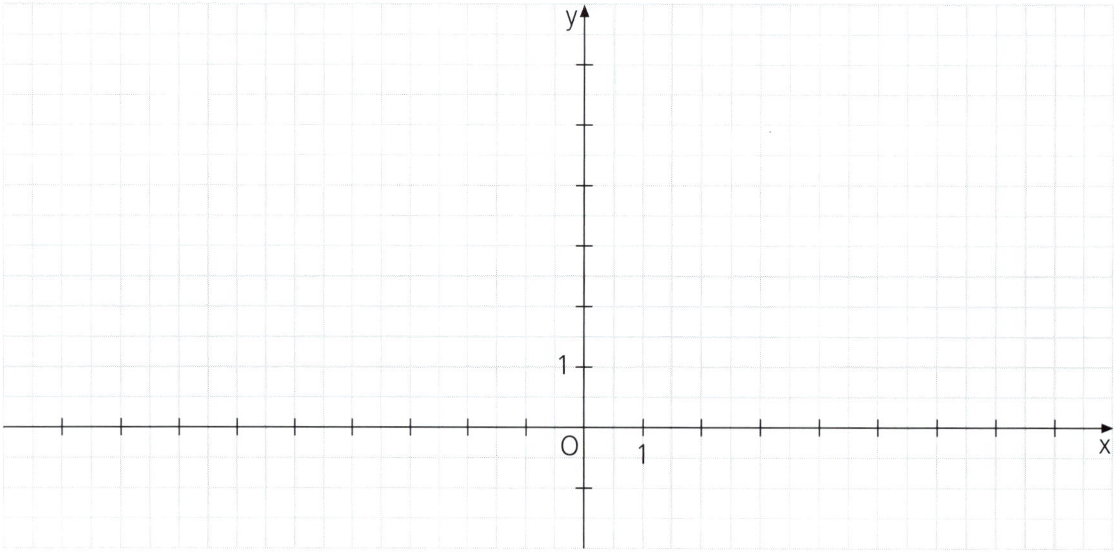

f) Berechnen Sie den Inhalt A(c) der Fläche, die von den Graphen der Funktionen f und g und der Geraden h: $x = c$ (mit $c < 1$) eingeschlossen wird. Bestimmen Sie den Grenzwert, dem A(c) für $c \to -\infty$ zustrebt.

1. Martina hat ein Computerprogramm geschrieben, bei dem ein Kreis, dessen Flächeninhalt immer größer wird, in der Mitte des Bildschirms erscheint. Die Radiuslänge r(t) hat zur Zeit t = 0 den Wert 0 und nimmt dann mit einer konstanten Rate von 0,2 cm pro Sekunde zu.

a) Geben Sie die Zuwachsrate $\dot{A}(t)$ des Kreisflächeninhalts A(t) in Abhängigkeit von der Zeit an.

b) Erläutern Sie den Unterschied zwischen $\dot{A}(1\text{ s})$ und $\frac{A(1\text{ s})}{1\text{ s}}$.

c) Martinas Monitor hat eine Bildschirmhöhe von 28 cm. Finden Sie heraus, nach wie viel Sekunden der Kreis nicht mehr auf den Bildschirm passt.

d) Martina ändert nun ihr Computerprogramm ab: sie stellt die konstante Rate von $0{,}2\,\frac{\text{cm}}{\text{s}}$ auf eine variable Rate von $0{,}3\,\frac{\text{cm}}{\text{s}^3} \cdot t^2$ um. Stellen Sie den Flächeninhalt des Kreises in Abhängigkeit von der Zeit dar. Nach wie viel Sekunden erreicht der Kreis jetzt den Bildschirmrand?

2. Ein Architekt hat den nebenstehend dargestellten Torbogen entworfen, dessen Form durch die Funktion f: $f(x) = 7{,}52 - e^x - e^{-x}$; $D_f = [-2; 2]$, beschrieben wird.

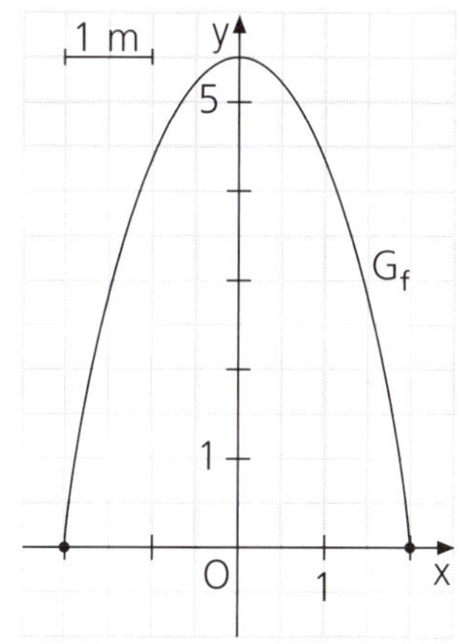

a) Der 4 m breite Torbogen soll vollständig mit einem Bronzetor verschlossen werden; berechnen Sie dessen Flächeninhalt.

b) Ein Mitarbeiter des Architekten schlägt vor, die Torbogenform durch eine quadratische Funktion g anzunähern. Ermitteln Sie einen möglichen Funktionsterm g(x) und untersuchen Sie, ob g eine „gute" Näherung für f darstellt.

c) Zur Einweihung des Torbogens möchte ein Sponsor ein möglichst großes rechteckiges Werbebanner in den Torbogen einhängen. Verwenden Sie bei der Berechnung von dessen Flächeninhalt die Funktion g aus Teilaufgabe b).

3. 1966 betrug der Weltjahresverbrauch an Kupfer 5,40 Mio. Tonnen; die jährliche Zuwachsrate des Verbrauchs betrug zu dieser Zeit etwa 4,6%. Der Term f(t) beschreibt den durchschnittlichen Weltjahresverbrauch an Kupfer im t-ten Jahr nach 1966 in Mio. Tonnen.

a) Begründen Sie, dass die Funktion f: $f(t) = 5{,}4 \cdot e^{0{,}045\,t}$; $D_f = \mathbb{R}_0^+$, die Entwicklung modelliert, und skizzieren Sie G_f für $t \leqq 50$.

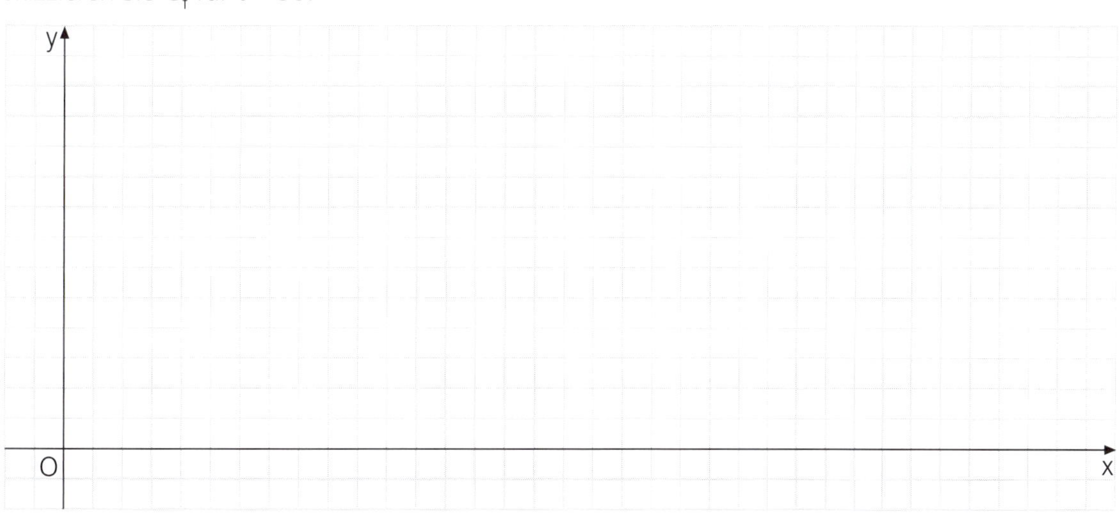

b) Berechnen Sie den Wert des Integrals $\int_0^5 f(t)\,dt$ und interpretieren Sie ihn im Sachzusammenhang.

c) Im Jahr 1966 konnte man von 600 Mio. Tonnen Kupferreserven ausgehen. Finden Sie heraus, wann sie nach diesem Modell erschöpft gewesen wären.

ABI 4. Eine Firma beauftragt vor Einführung eines neuen Produkts ein Marktforschungsinstitut mit einer Marktanalyse. Es wird angenommen, dass die Anzahl n der pro Monat verkauften Stücke des Produkts nur vom Verkaufspreis x (in €) abhängt. Diese Abhängigkeit kann durch die Gleichung $n(x) = 2{,}025 \cdot 10^{12} \cdot x^{-4}$ beschrieben werden. Die Herstellungskosten je Stück betragen k €.

a) Der Gewinn wird aus der Differenz der Einnahmen und der Herstellungskosten berechnet. Er hängt von den Herstellungskosten k und vom Verkaufspreis x ab. Diese Abhängigkeit wird durch Funktionen $g_k\colon x \mapsto g_k(x);\ x \in \mathbb{R}^+$, mit $k \in \mathbb{R}^+$ beschrieben.
Ermitteln Sie denjenigen Verkaufspreis x (in Abhängigkeit von k), bei dem der monatliche Gewinn maximal ist, und geben Sie diesen Gewinn an.

b) Die Herstellungskosten k werden sich voraussichtlich um 10% erhöhen. Berechnen Sie die prozentuale Veränderung des maximalen Gewinns, wenn die Herstellungskosten k ursprünglich 150 € betragen haben.

ABI 5. Eine Firma stellt Modeschmuck her. Als Rohlinge für einen Anhänger werden kleine Metallplatten in der Form von gleichschenkligen Dreiecken verwendet. Diese haben eine Basislänge von 5,0 cm und eine Höhe über der Basis von 9,5 cm. Die Rohlinge werden so ausgestanzt, dass die in der Abbildung dargestellte Schmuckform erhalten wird. Der Bogen über [AC] hat die Form einer Parabel. Die Begrenzungslinien [BA] und [CB] liegen auf den Tangenten an die Parabel im Punkt A bzw. im Punkt C.
Der Anhänger soll einseitig vergoldet werden. Berechnen Sie den Inhalt der pro Anhänger zu vergoldenden Fläche sowie die pro Anhänger bei einer Feingoldschichtdicke von 25 µm erforderliche Goldmenge.

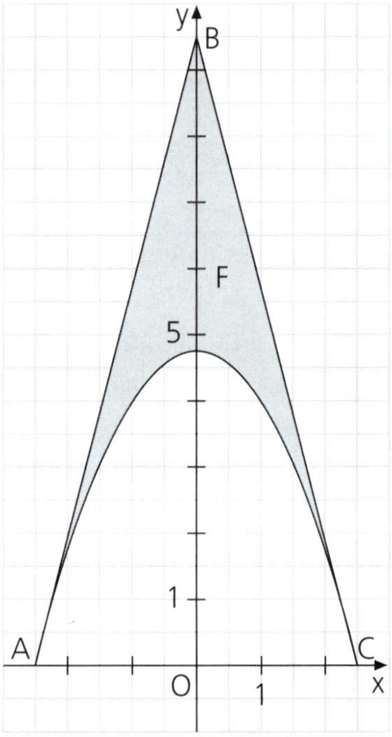

ABI 6. a) Beim radioaktiven Zerfall einer Substanz S_1 ist $h_1(t)$ die Masse der noch nicht zerfallenen Substanz zum Zeitpunkt t [$h_1(t)$ in mg und t in Stunden nach Beobachtungsbeginn].
Dabei gilt: $h_1(t) = 100e^{-kt}$.
Berechnen Sie k, wenn die Halbwertszeit für diesen Zerfall 4,5 Stunden beträgt. Welche Masse ist nach 18 Stunden bereits zerfallen?

b) Eine zweite Substanz S_2 entsteht erst als Zerfallsprodukt einer anderen Substanz. Für die Masse $h_2(t)$ von S_2 gilt entsprechend $h_2(t) = 100e^{-ct}(1 - e^{-t})$.
Bestimmen Sie den Bestand für t = 0.
Bestimmen Sie c, wenn die Masse von S_2 nach zwei Stunden 31,81 mg beträgt. Zu welchem Zeitpunkt wird für c = 0,5 die größte Masse gemessen?

ABI 7. Eine Forschungsgruppe versucht, die Entwicklung eines Fischbestandes in einem See durch ein mathematisches Modell zu erfassen. Zu Beginn der Untersuchung leben im See 4 Millionen Fische.
Die Änderungsrate des Bestands wird in diesem Modell durch eine Funktion f mit $f(t) = \frac{e^t}{(1 + e^t)^2}$; $t \geqq 0$, beschrieben [t in Jahren seit Untersuchungsbeginn, f(t) in Millionen pro Jahr].

a) Skizzieren Sie das Schaubild von f für $0 \leqq t \leqq 6$. Untersuchen Sie das Verhalten von f für $t \to \infty$.
Weisen Sie nach, dass f für $t > 0$ streng monoton abnimmt.
Bedeutet dies, dass der Fischbestand abnimmt?
Begründen Sie Ihre Antwort.

b) Weisen Sie nach, dass $F(t) = \frac{-1}{e^t + 1}$ der Term einer Stammfunktion von f ist.
Welcher Fischbestand ist zwei Jahre nach Beginn der Untersuchung zu erwarten?
Welcher Fischbestand ist langfristig zu erwarten?

ABI 8. Die Abbildung zeigt den Längsschnitt eines Bierglases. Die obere Begrenzung der getönten Fläche kann im I. Quadranten durch eine Funktion f_a: $f_a(x) = x \cdot e^{1 - a \cdot x}$ mit $a \in \mathbb{R}^+$; $a \geqq \frac{2}{11}$; $x \in \mathbb{R}_0^+$; $0 \leqq x \leqq 11$ beschrieben werden.
Der Graph von f_a ist G_{f_a}. Die Wandstärke des Glases wird vernachlässigt. Alle Längenangaben erfolgen in cm.

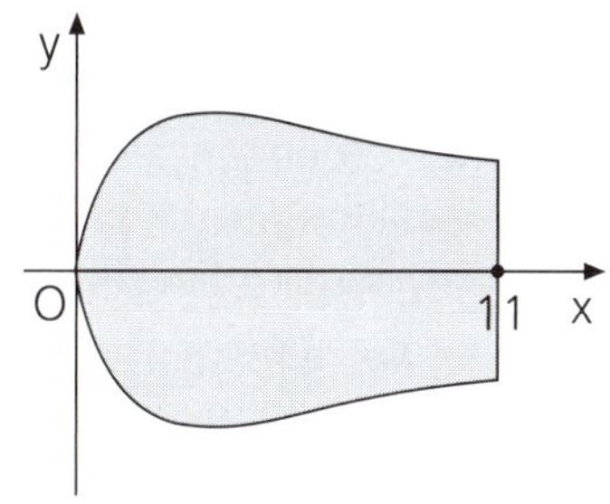

a) Ermitteln Sie die maximale Durchmesserlänge des Glases sowie die Koordinaten des Wendepunkts von G_{f_a} jeweils in Abhängigkeit von a. Berechnen Sie, für welchen Wert von a die Durchmesserlänge der Öffnung des Glases 8 cm beträgt.

Im Folgenden wird das spezielle Bierglas mit a = 0,2 betrachtet.

b) Geben Sie die Koordinaten des Extrem- und des Wendepunkts von $G_{f_{0,2}}$ an. Stellen Sie den Graphen $G_{f_{0,2}}$ für $0 \leqq x \leqq 11$ in einem Koordinatensystem dar. Zeigen Sie, dass $F_{0,2}(x) = -5(x + 5)e^{1 - 0,2x}$ ein Stammfunktionsterm von $f_{0,2}(x)$ ist, und berechnen Sie den Inhalt der Schnittfläche (siehe Abbildung).

c) Durch Füllen des Bierglases wurde festgestellt, dass es ein Fassungsvermögen von V = 591 ml besitzt. Mit $N(h) = -0{,}73h^3 + 13h^2 + h$; $h \in \mathbb{R}_0^+$; $0 \leqq h \leqq 11$, ist eine Näherungsformel für die Berechnung des Volumens (in cm^3) in Abhängigkeit von der Füllhöhe h (in cm) gegeben.
Berechnen Sie die prozentuale Abweichung von N(11) gegenüber V.

ABI 9. Die Fallgeschwindigkeit eines Fallschirmspringers vor Öffnen des Schirms wird in guter Näherung durch den Term $v(t) = 50 \cdot \frac{e^{0,2t} - e^{-0,2t}}{e^{0,2t} + e^{-0,2t}}$ mit $t \geqq 0$ beschrieben.
Dabei ist t die Maßzahl der Fallzeit in Sekunden und v(t) die Maßzahl der Fallgeschwindigkeit in $\frac{m}{s}$.

a) Berechnen Sie $\lim\limits_{t \to \infty} v(t)$ und deuten Sie das Ergebnis im genannten Anwendungsbezug.

b) Berechnen Sie auf eine Dezimale gerundet die Zeit, nach der der Springer eine Geschwindigkeit von 49 $\frac{m}{s}$ erreicht hat.
(Die Absprunghöhe wird als genügend groß vorausgesetzt.)

c) Die Maßzahl der in der Zeit 11,5 s durchfallenen Strecke (in m) ist gegeben durch $\int_0^{11,5} v(t)\,dt$.
Berechnen Sie dieses Integral.

ABI 10. Gegeben sind die Funktionen f und g durch die Gleichungen $y = f(x) = 5 \cdot (e - e^{-x})$ $(x \in \mathbb{R})$ und $y = g(x) = 5 \cdot (e^x - e)$ $(x \in \mathbb{R})$.

a) Zeigen Sie, dass gilt: $g(-x) = -f(x)$.
Interpretieren Sie diese Aussage geometrisch.

b) Die beiden Schnittpunkte der Graphen der Funktionen f und g sind Eckpunkte eines achsenparallelen Rechtecks. Skizzieren Sie G_f und G_g sowie dieses Rechteck.
Bestimmen Sie den prozentualen Anteil der von den beiden Graphen eingeschlossenen Fläche an der Fläche dieses Rechtecks.

c) Zur Simulation des Wasserhaushalts einer Talsperre experimentieren Schüler mit einem Fass. Das Fass ist anfangs mit einer bestimmten Wassermenge gefüllt. Nun wird einerseits dem Fass gleichmäßig Wasser zugeführt und andererseits ein Loch im Fassboden geöffnet, sodass Wasser abläuft. Dieser Prozess kann näherungsweise durch ein mathematisches Modell beschrieben werden, wobei das Wasservolumen V_k (in Volumeneinheiten) im Fass in Abhängigkeit von der Zeit t (in Zeiteinheiten) durch die Gleichung $V_k(t) = k \cdot e - k \cdot e^{-t}$ $(t \geqq 0)$ beschrieben wird; k $(k > 0)$ ist ein Parameter.
Im Folgenden sei das Anfangsvolumen des Wassers $V_k(0) = 8{,}6$.
Berechnen Sie für diesen Fall den Wert von k.
Ermitteln Sie, nach welcher Zeit sich in diesem Fall das 1,5-Fache des Anfangsvolumens an Wasser im Fass befindet. Ermitteln Sie, welches Fassungsvermögen dieses Fass mindestens haben muss, damit es nicht überläuft.

ABI 11. Zwischen dem Luftdruck p und der Höhe h gilt unter der Annahme konstanter Lufttemperatur der folgende Zusammenhang („barometrische Höhenformel"):
$p = f(h) = p_0 \cdot e^{-\frac{h}{b}}$ mit $h \in \mathbb{R};\ h \geqq 0$.
Dabei bedeutet
p_0: Luftdruck auf Meereshöhe; $p_0 = 101\,325$ Pa
h: Höhe über dem Meeresspiegel (in km)
b: Konstante (b = 7,991 km)
Der Graph von f ist G_f.

a) Berechnen Sie jeweils den Luftdruck, der in folgenden Höhen herrscht:
$h_1 = 4{,}808$ km (Montblanc),
$h_2 = 8{,}850$ km (Mount Everest) und
$h_3 = 15$ km.
Skizzieren Sie G_f im Intervall $0\text{ km} \leqq h \leqq 15\text{ km}$.

b) Ermitteln Sie rechnerisch, in welcher Höhe der Luftdruck halb so groß wie auf Meereshöhe ist.

c) Durch p wird der Luftdruck in Abhängigkeit von der Höhe angegeben.
Lösen Sie die barometrische Höhenformel nach h auf.

d) Weisen Sie nach, dass $F(h) = b \cdot p_0 \cdot \left(1 - e^{-\frac{h}{b}}\right)$ ein Stammfunktionsterm von f(h) ist.
Für den Mittelwert p_M des Luftdrucks im Intervall $h_r \leqq h \leqq h_s$ gilt $p_M = \frac{1}{h_s - h_r} \cdot \int_{h_r}^{h_s} f(h)\,dh$.
Berechnen Sie p_M für das Intervall $0\text{ km} \leqq h \leqq 9{,}6\text{ km}$.
Geben Sie die prozentuale Abweichung des Mittelwertes p_M vom Wert des Luftdrucks auf dem Montblanc an.

Zum Start drei Aufgaben zur Funktionenlehre

1. Ermitteln Sie die Nullstellen der Funktion f: $f(x) = (\ln x - 2) \cdot \ln x$; $D_f = \mathbb{R}^+$.
Finden Sie heraus, wie sich die Nullstellen der Funktion g: $g(x) = f(x + a)$; $a \in \mathbb{R}^+$; $D_g = D_{g\,max}$, ermitteln lassen.

2. Gegeben ist der Graph G_f der Funktion f mit $D_f = \mathbb{R}$. Sein Tiefpunkt T besitzt die Abszisse $x_T = -1$, sein Wendepunkt die Abszisse $x_W = -2$.
Kennzeichnen Sie mit Farbe den Bereich, für den gilt

a) $f(x) \leqq 2 \wedge f''(x) \geqq 0$.

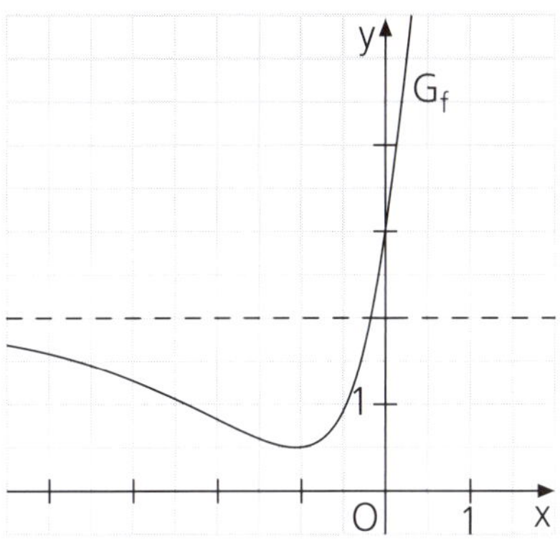

b) $x < 0 \wedge f''(x) \leqq 0$.

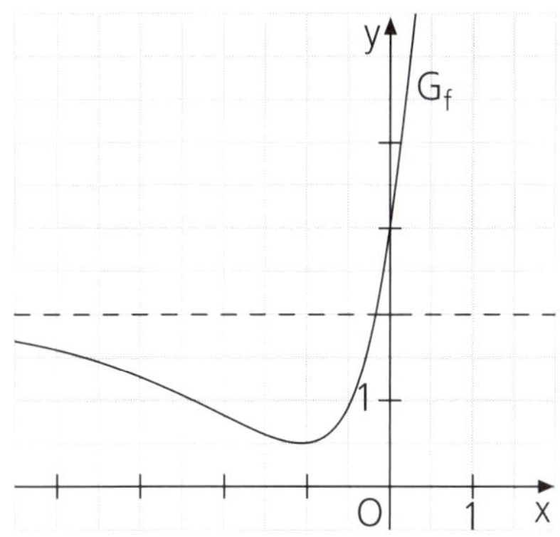

3. Die Abbildung zeigt den Graphen G_f der Funktion f: $x \mapsto \frac{4(x^2 - 1)}{x^2}$; $D_f = \mathbb{R}\backslash\{0\}$, sowie seine horizontale Asymptote a. Die Punkte V und I auf G_f und die Punkte E und R auf a sind die Eckpunkte des achsenparallelen Rechtecks VIER. Bestimmen Sie die Koordinaten der Punkte V, I, E und R so, dass die Umfangslänge des Rechtecks VIER minimal wird. Ist das optimale Rechteck ein Quadrat?

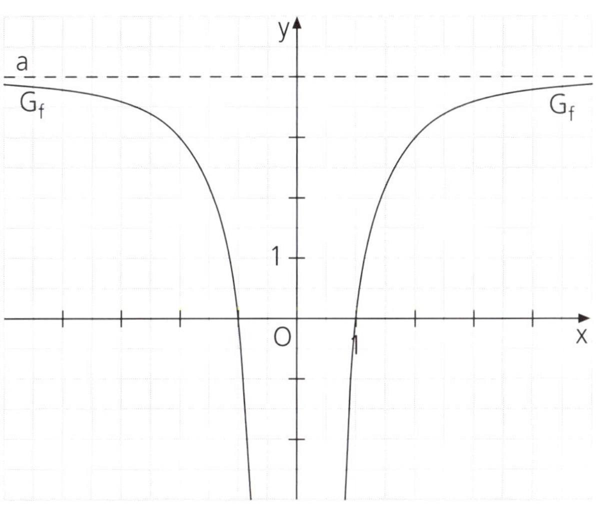

Fitnesstraining Newton-Verfahren

4. Berechnen Sie jeweils mithilfe des Newton-Verfahrens die Koordinaten des Schnittpunkts der beiden Funktionsgraphen auf zwei Dezimalen gerundet (vgl. Merkhilfe).

a) f: $f(x) = 2 - 0{,}5x$; g: $g(x) = 0{,}5x^3$; $D_f = D_g = \mathbb{R}$

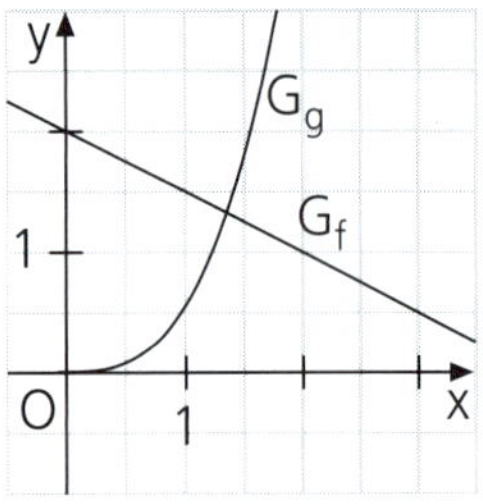

Ansatz:
$f(x) = g(x)$; $2 - 0{,}5x = 0{,}5x^3$; $| \cdot 2$
$4 - x = x^3$; $x^3 + x - 4 = 0$.
Gesucht ist also die Nullstelle der Funktion h: $h(x) = x^3 + x - 4$; $D_h = \mathbb{R}$.

Ableitung:
$h'(x) = 3x^2 + 1$; $D_{h'} = \mathbb{R}$.

Startwert: $x_1 = 1$

Newton-Iteration:
$h(x_1) = h(1) =$ $h'(x_1) = h'(1) =$

$x_2 = x_1 - \frac{h(x_1)}{h'(x_1)} =$

$h(x_2) =$ $h'(x_2) =$

$x_3 = x_2 - \frac{h(x_2)}{h'(x_2)} =$

$h(x_3) =$ $h'(x_3) =$

$x_4 = x_3 - \frac{h(x_3)}{h'(x_3)} =$

$h(x_4) =$ $h'(x_4) =$

$x_5 = x_4 - \frac{h(x_4)}{h'(x_4)} =$

Schnittpunkt: S (|)

b) f: $f(x) = x^2 - 1$; $D_f = \mathbb{R}$; g: $g(x) = 2 \sin x$; $D_g = [0; \pi]$

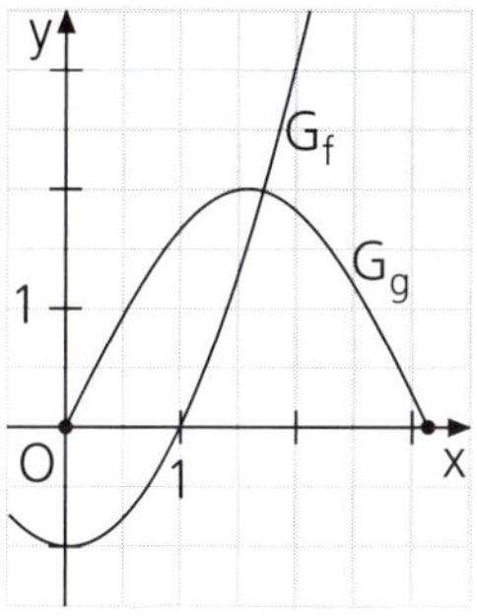

Ansatz:
$f(x) = g(x)$;

Gesucht ist also die Nullstelle der Funktion
h: $h(x) =$
Ableitung:
h': $h'(x) =$; $D_{h'} =]0; \pi[$

Startwert: $x_1 =$

Newton-Iteration:

$h(x_1) = h(\quad) =$ $h'(x_1) = h'(\quad) =$

$x_2 = x_1 - \frac{h(x_1)}{h'(x_1)} =$

$h(x_2) =$ $h'(x_2) =$

$x_3 = x_2 - \frac{h(x_2)}{h'(x_2)} =$

$h(x_3) =$ $h'(x_3) =$

$x_4 = x_3 - \frac{h(x_3)}{h'(x_3)} =$

$h(x_4) =$ $h'(x_4) =$

$x_5 = x_4 - \frac{h(x_4)}{h'(x_4)} =$

Schnittpunkt: S (|)

Flächenabschätzungen und Flächenberechnungen

5. Gegeben ist der Graph G_f der Funktion f: $f(x) = x(1 - \ln x)$; $D_f = \mathbb{R}^+$.

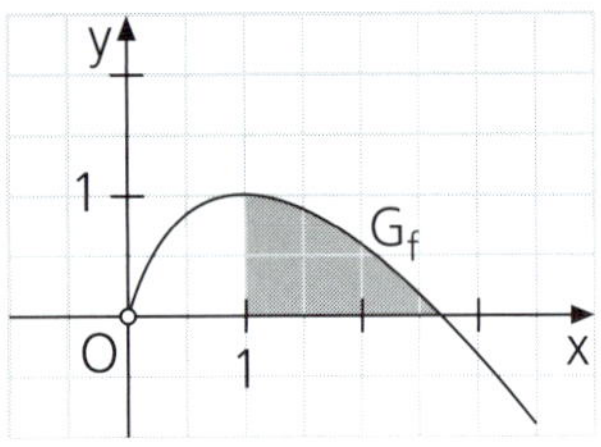

a) Ermitteln Sie die Koordinaten des Punkts S, in dem G_f die x-Achse schneidet, sowie die Koordinaten des Hochpunkts H von G_f.

b) Geben Sie eine untere und eine obere Schranke für den Flächeninhalt A des getönten Bereichs an.

c) Beschreiben Sie zunächst den Flächeninhalt A des getönten Bereichs durch ein Integral und berechnen Sie dann A.
Hinweis: Die Funktion F: $F(x) = \frac{x^2}{4} \cdot (3 - 2 \ln x)$; $D_F = \mathbb{R}^+$, ist eine Stammfunktion von f (Nachweis nicht verlangt).

6.

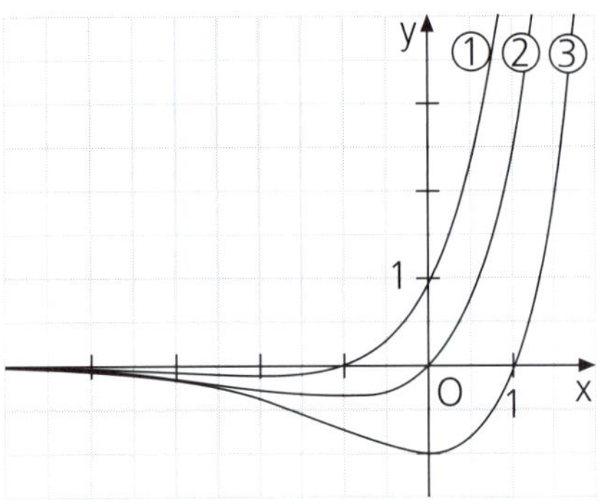

Die nebenstehende Abbildung zeigt den Graphen G_f der Funktion f: $x \mapsto xe^x$; $D_f = \mathbb{R}$, sowie den Graphen $G_{f'}$ ihrer Ableitungsfunktion und den Graphen G_F einer ihrer Stammfunktionen.
Ordnen Sie die Funktionen f, f' und F den Graphen ①, ② bzw. ③ zu und begründen Sie Ihre Entscheidung anschaulich.

a) Berechnen Sie die Größen der spitzen Winkel, unter denen die drei Graphen die x-Achse schneiden.

b) $G_{f'}$ und die beiden Geraden g: $y = 1$ und h: $x = -1$ beranden ein Flächenstück; berechnen Sie seinen Inhalt A.

7. Vorgelegt ist die Funktion f: $f(x) = \frac{2}{\sqrt{x}} + 1$; $D_f = \mathbb{R}^+$, sowie ihr Graph G_f.

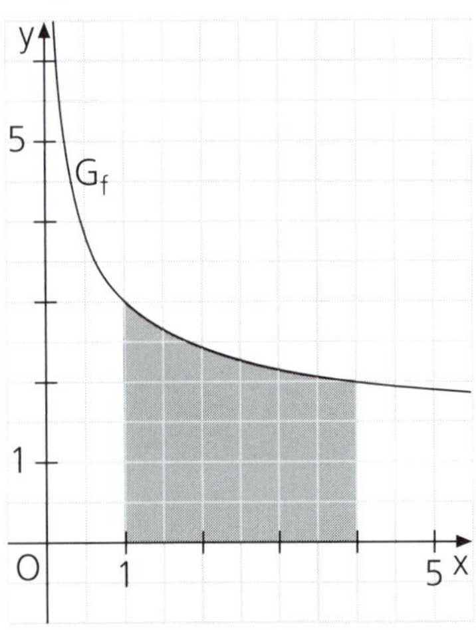

a) Berechnen Sie einen Näherungswert A_M für den Flächeninhalt A des getönten Bereichs. Zerlegen Sie dazu das Intervall [1; 4] in drei gleich lange Teilintervalle und berechnen Sie dann den Wert der zugehörigen Obersumme S_3 und den Wert der zugehörigen Untersumme s_3 sowie den Mittelwert A_M von S_3 und s_3.

b) Ermitteln Sie, um wie viel Prozent der Näherungswert A_M [vgl. Teilaufgabe a)] vom exakten Wert A = 7 abweicht.

8. Die Abbildung zeigt den Graphen G_f der Funktion f: $f(x) = \frac{4}{x^2}$; $D_f = \mathbb{R}^+$.

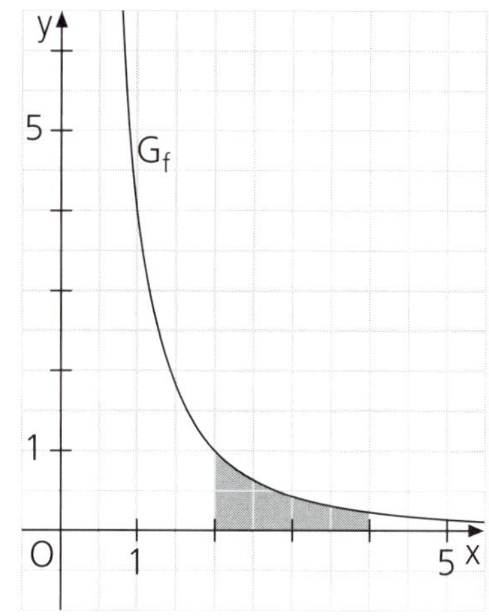

a) Bestimmen Sie einen Näherungswert A* für den Inhalt A des getönten Bereichs. Zerlegen Sie hierzu das Intervall [2; 4] in vier gleich lange Teilintervalle und berechnen Sie die zugehörige Obersumme S_4 , die zugehörige Untersumme s_4 sowie den Mittelwert A* von S_4 und s_4 .

b) Berechnen Sie den exakten Flächeninhalt A des getönten Bereichs und ermitteln Sie, um wie viel Prozent der Näherungswert A* aus Teilaufgabe a) von A abweicht.

9. Gegeben ist der Graph G_f der Funktion f mit $f(x) = 2x - 0{,}5x^2$ und $D_f = \mathbb{R}$; er schließt im I. Quadranten mit der x-Achse ein Flächenstück ein.

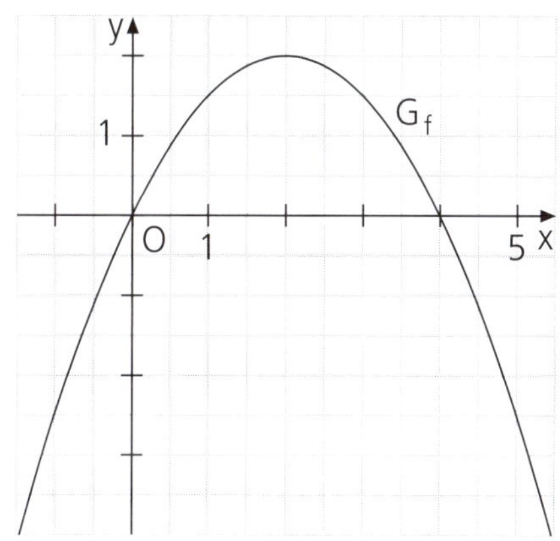

a) Der Inhalt A dieses Flächenstücks soll zunächst näherungsweise berechnet werden. Zerlegen Sie dazu das Intervall [0; 4] in vier gleich lange Teilintervalle und berechnen Sie die zugehörige Obersumme S_4 , die zugehörige Untersumme s_4 sowie den Mittelwert A* von S_4 und s_4 .

b) Berechnen Sie den Inhalt A des Flächenstücks exakt und ermitteln Sie, um wie viel Prozent der Näherungswert A* aus Teilaufgabe a) von A abweicht.

10. Die Abbildung zeigt den Graphen G_f der Funktion f: $f(x) = \frac{1}{3}(x^3 - 9x^2 + 27x - 19)$; $D_f = \mathbb{R}$.

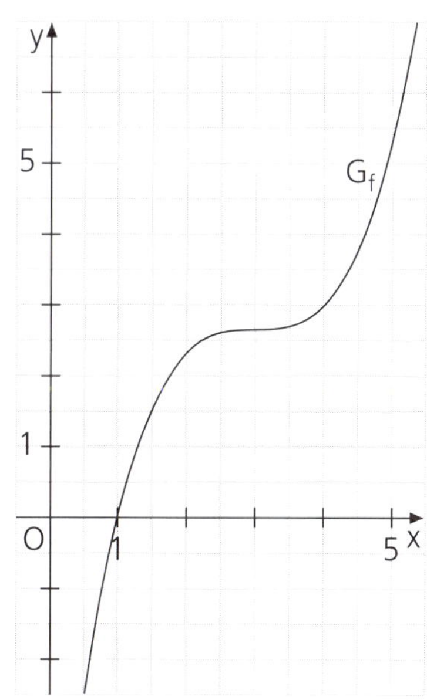

a) Ermitteln Sie durch Überlegen die Koordinaten des Schnittpunkts S von G_f mit der x-Achse.

b) Weisen Sie nach, dass G_f einen Terrassenpunkt W mit $x_W = 3$ besitzt, und geben Sie eine Gleichung der Tangente t_W an G_f in W an.

c) Tragen Sie die Tangente t_W aus Teilaufgabe b) in die Abbildung ein und berechnen Sie den Inhalt des Flächenstücks, das von G_f , den beiden Koordinatenachsen und t_W berandet wird.

Fitnesstraining Integrieren

11. Wenden Sie $\int \frac{f'(x)}{f(x)}\,dx = \ln|f(x)| + C;\ C \in \mathbb{R}$, an, um die folgenden unbestimmten Integrale zu ermitteln (vgl. Merkhilfe).

Beispiel: $\int \frac{2x}{1 + x^2}\,dx = \ln|1 + x^2| + C = \ln(1 + x^2) + C;\ C \in \mathbb{R}$ *Hinweis:* $f(x) = 1 + x^2;\ f'(x) = 2x$

a)	$\int \frac{6x}{1 + x^2}\,dx = 3\int \frac{2x}{1 + x^2}\,dx =$
b)	$\int \frac{x}{1 + x^2}\,dx = 0{,}5\int \frac{2x}{1 + x^2}\,dx =$
c)	$\int \frac{4x}{1 + 2x^2}\,dx =$
d)	$\int \frac{2x}{1 + 4x^2}\,dx =$
e)	$\int \frac{4x^3}{1 + x^4}\,dx =$
f)	$x \notin \{-1;\ 0\}$: $\int \frac{2x + 3x^2}{x^2 + x^3}\,dx =$
g)	$x \notin \{-1;\ 0\}$: $\int \frac{2 + 3x}{x + x^2}\,dx = \int \frac{x \cdot (2 + 3x)}{x \cdot (x + x^2)}\,dx = \int \frac{2x + 3x^2}{x^2 + x^3}\,dx =$
h)	$x \neq \frac{\pi}{2} + k\pi;\ k \in \mathbb{Z}$: $\int \frac{\sin x}{\cos x}\,dx =$
i)	$\int \frac{e^x}{1 + e^x}\,dx =$
j)	$\int \frac{e^x}{1 + 6e^x}\,dx = \frac{1}{6} \int \frac{6e^x}{1 + 6e^x}\,dx =$
k)	$x \in \mathbb{R}^+\backslash\{1\}$: $\int \frac{1}{x \ln x}\,dx =$

12. Wenden Sie u. a. $\int f'(x)e^{f(x)}\,dx = e^{f(x)} + C;\; C \in \mathbb{R}$, bzw. $\int f(ax+b)\,dx = \frac{1}{a}F(ax+b) + C;\; a \neq 0;\; C \in \mathbb{R}$, (F ist eine Stammfunktion von f) an, um die folgenden unbestimmten Integrale zu ermitteln.

Beispiele: $\int 2x\, e^{x^2}\,dx = e^{x^2} + C$; $\int \cos(2x+3)\,dx = \frac{1}{2}\sin(2x+3) + C$

a)	$\int \cos(2x)\, e^{\sin(2x)}\,dx =$
b)	$\int 5x\, e^{x^2}\,dx =$
c)	$\int 3x^2\, e^{x^3}\,dx =$
d)	$\int x^2\, e^{x^3}\,dx =$
e)	$\int 3x\sqrt{x^2+2}\,dx =$
f)	$\int x \sin(\pi - x^2)\,dx =$
g)	$\int (5x+3)^2\,dx =$
h)	$\int x^2\, e^{(\sin x)^2 + (\cos x)^2}\,dx =$
i)	$\int e^{\sin x} \cos x\,dx =$
j)	$\int \frac{2\sin x \cos x}{(\sin x)^2 + 1}\,dx =$
k)	$x \in \mathbb{R}^+$: $\int \frac{2\ln x}{x}\,dx =$

Fitnesstraining Integralrechnung

13. Bestimmen Sie jeweils den Integranden f(x) bzw. f(t).

a)	$\int f(x)\,dx = x^2 + C$
b)	$\int f(x)\,dx = e^{2x} + C$
c)	$\int f(t)\,dt = 4{,}5t + C$
d)	$\int f(x)\,dx = \cos(2x) + C$
e)	$\int f(x)\,dx = \frac{1}{2}\sin(2x) + C$
f)	$\int f(x)\,dx = \frac{1}{3}e^{3x-1} + C$
g)	$\int f(x)\,dx = \sqrt{x^2 + 4} + C$
h)	$\int f(t)\,dt = \frac{3}{2}t^2 + C$
i)	$x \in \mathbb{R}^+$: $\int f(x)\,dx = x \ln x + C$
j)	$x \neq 0$: $\int f(x)\,dx = \frac{4}{x} + C$
k)	$t \neq 0$: $\int f(t)\,dt = \ln(t^2) + C$
l)	$\int f(x)\,dx = \cos(2x) + \sin(0{,}5x) + C$
m)	$\int f(x)\,dx = x^2 \sin(2x - 1) + C$

Funktionenlehre – Bestimmtes Integral – Integralfunktion – Anwendungen der Integralrechnung

14. Der Graph der Funktion f: $f(x) = x - \frac{x^3}{12}$; $D_f = \mathbb{R}$, ist G_f.

a) Ermitteln Sie die Koordinaten der Achsenpunkte, der Extrempunkte und des Wendepunkts von G_f.

b) Zeichnen Sie G_f.

c) Finden Sie heraus, in welchem Verhältnis der Graph G_g der Funktion g: $g(x) = \frac{x^2}{3}$; $D_g = \mathbb{R}$, das von G_f und der positiven x-Achse berandete Flächenstück teilt.

15. Vorgelegt ist die Funktion f: $f(x) = ax^2 + bx + c$; a, b, c $\in \mathbb{R}$; $D_f = \mathbb{R}$, sowie eine Integralfunktion von f, nämlich F_0: $F_0(x) = \int_0^x f(t)\,dt$; $D_{F_0} = \mathbb{R}$.

Der Graph G_{F_0} der Integralfunktion F_0 hat im Punkt $P\,(1 \mid F_0(1))$ eine waagrechte Tangente; der Punkt $W\,(0{,}5 \mid y_W)$ ist (der einzige) Wendepunkt von G_{F_0}, und die Wendetangente t_W an G_{F_0} ist parallel zur Geraden g: $y = -\frac{x}{4} + 10$. Ermitteln Sie f(x) und $F_0(x)$.

16. Gegeben ist die Schar von Funktionen f_a: $f_a(x) = 0{,}25(ax - 5)^2$; $a \in \mathbb{R}\backslash\{0\}$; $D_{f_a} = \mathbb{R}$; der Graph von f_a ist G_{f_a}.

a) Zeichnen Sie G_{f_1}, $G_{f_{-1}}$, $G_{f_{1,5}}$ und G_{f_2}.

b) Jede Scharkurve mit a > 1 berandet zusammen mit der x-Achse, der y-Achse und der Geraden g: x = 5 zwei Flächenstücke. Finden Sie heraus, für welchen Wert von a der gesamte Inhalt dieser Flächenstücke minimal ist.

17. Vorgelegt ist die Schar von Funktionen f_a: $f_a(x) = x \cdot e^{a-x}$; $a \in \mathbb{R}_0^+$; $D_{f_a} = \mathbb{R}$. Der Graph von f_a ist G_{f_a}.

a) Ermitteln Sie die Koordinaten des Extrempunkts E_a und des Wendepunkts W_a von G_{f_a}. Was fällt Ihnen auf?

b) Geben Sie eine Gleichung der Wendetangente t_{W_a} an.

c) Zeichnen Sie G_{f_2} und t_{W_2}.

d) Die Gerade mit der Gleichung $y = -e^{a-2}x + 4e^{a-2}$ schneidet die x-Achse im Punkt S_a und die y-Achse im Punkt T_a. Zeigen Sie, dass der Wendepunkt W_a [vgl. Teilaufgabe a)] die Strecke $[S_aT_a]$ halbiert.

e) (1) Zeigen Sie zunächst, dass die Funktion F: $F(x) = -e^{2-x}(1 + x)$; $D_F = \mathbb{R}$, eine Stammfunktion der Funktion f_2 ist.
Ermitteln Sie dann den Inhalt des Flächenstücks, das von G_{f_2}, der y-Achse und der Wendetangente t_{W_2} [vgl. Teilaufgabe b)] berandet wird.

(2) Veranschaulichen Sie $A(b) = \int_2^b f_2(x)\,dx$; b > 2, in der Abbildung von Teilaufgabe c).
Untersuchen Sie $\lim\limits_{b \to \infty} A(b)$ und deuten Sie Ihr Ergebnis.

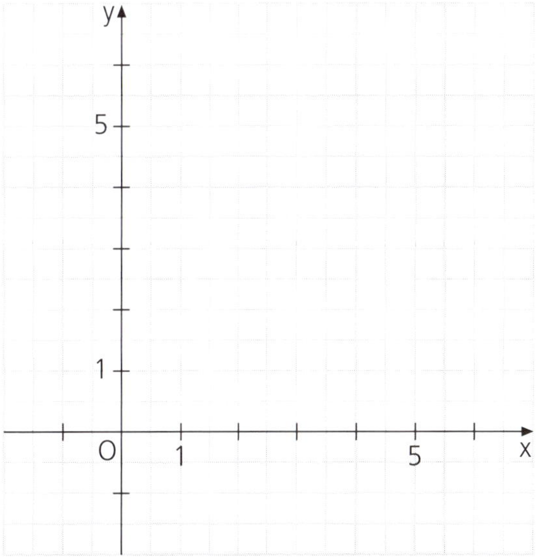

18. Gegeben ist die Funktion f: $f(x) = xe^{1-x}$; $D_f = \mathbb{R}$, sowie die Funktion F: $F(x) = -(1 + x)e^{1-x}$; $D_F = \mathbb{R}$.

a) Zeigen Sie, dass F eine Stammfunktion von f ist.

b) Ermitteln Sie den Integralfunktionsterm $F_{-1}(x) = \int_{-1}^{x} f(t)\,dt$.
Was fällt Ihnen auf?

c) Die Abbildung zeigt die Graphen G_f und G_F.
Ordnen Sie passend zu.

d) Veranschaulichen Sie in der Abbildung $A(b) = \int_{-0,5}^{b} [f(x) - F(x)]\,dx$; $b > 0$.
Ermitteln Sie A(b) und untersuchen Sie $\lim\limits_{b \to \infty} A(b)$.
Hinweis: $\int F(x)\,dx = (2 + x)\,e^{1-x} + C$; $C \in \mathbb{R}$

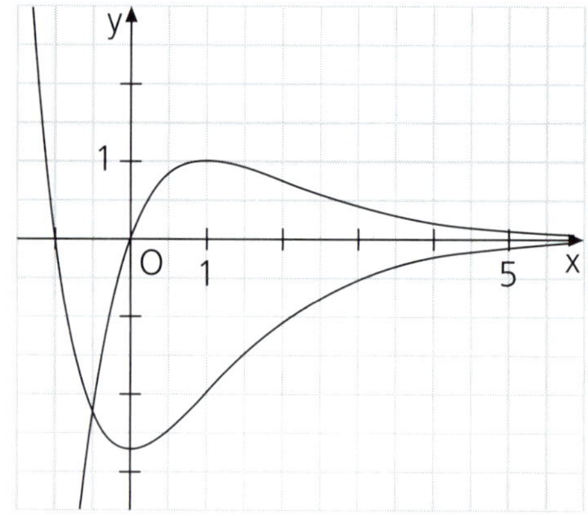

19. G_f und G_g sind die Graphen der Funktionen f: $f(x) = \sin x$ und g: $g(x) = \cos x$; $D_f = D_g = [0; 4]$.

a) Ordnen Sie passend zu.

b) Ermitteln Sie die Koordinaten der gemeinsamen Punkte S_1 und S_2 $(x_{S_1} < x_{S_2})$ von G_f und G_g.

c) Ermitteln Sie die Abszisse desjenigen Punkts $P_0\,(x_0 \mid 0)$ mit $0 \leqq x_0 \leqq 4$, für den die beiden Strecken $[P_0S_1]$ und $[P_0S_2]$ aufeinander senkrecht stehen [vgl. Teilaufgabe b)].

d) G_g, die y-Achse und die x-Achse beranden ein Flächenstück mit dem Inhalt A. G_f teilt dieses Flächenstück in zwei Teile mit den Inhalten A_1 und A_2. Berechnen Sie $\frac{A_1}{A}$ und $\frac{A_2}{A}$.

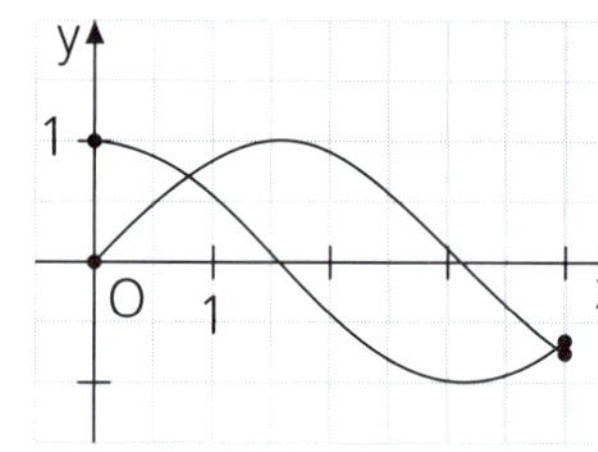

20. Der Graph der Funktion f: $f(x) = x^3 + x + 1$; $D_f = \mathbb{R}$, ist G_f.
Er schneidet die x-Achse im Punkt S (s | 0). Berechnen Sie zunächst mithilfe des Newton'schen Näherungsverfahrens s auf Hundertstel genau und dann den Inhalt des Flächenstücks, das von G_f und den Koordinatenachsen berandet wird.

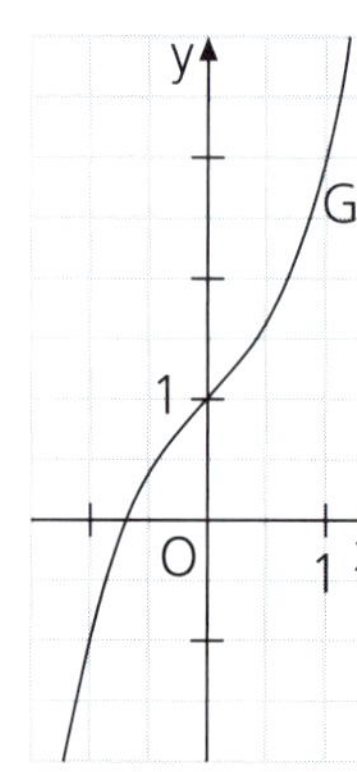

21. Vorgelegt sind die Funktionen f: $f(x) = e^{-0,25x}$; $D_f = \mathbb{R}$, und g: $g(x) = 2e - e^{-0,25x}$; $D_g = \mathbb{R}$.
Ihre Graphen G_f und G_g beranden zusammen

a) mit der y-Achse ein (ganz im Endlichen gelegenes) Flächenstück; berechnen Sie dessen Inhalt A_1.

b) mit der x-Achse einen sich nach rechts „ins Unendliche" erstreckenden Bereich. Berechnen Sie dessen Inhalt A_2 unter Verwendung des Grenzwerts eines passenden bestimmten Integrals.

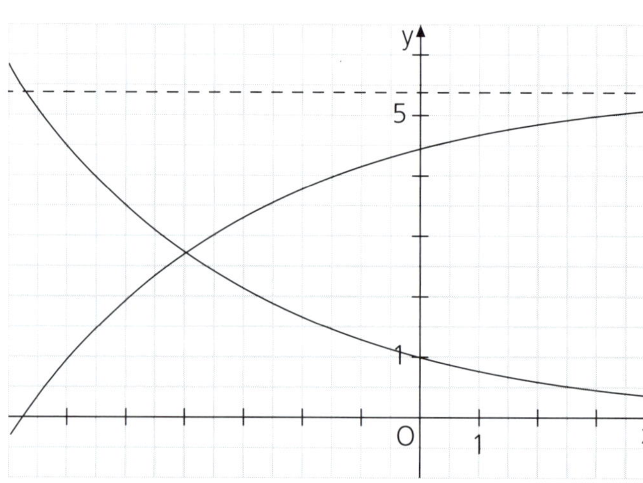

ABI 22. Gegeben ist die Funktion f: $x \mapsto \frac{2-x}{x^2-x}$ mit ihrer maximalen Definitionsmenge D_f. Ihr Graph wird mit G_f bezeichnet.

(1) **a)** Bestimmen Sie D_f und die Nullstelle der Funktion f.

b) Untersuchen Sie das Verhalten von f in der Umgebung der Definitionslücken sowie für $x \to \pm\infty$.

c) Zeigen Sie:

$$f'(x) = \frac{x^2-4x+2}{(x^2-x)^2}$$

Weisen Sie ohne Verwendung der 2. Ableitung nach, dass G_f an der Stelle $x_1 = 2 - \sqrt{2}$ einen Hochpunkt und an der Stelle $x_2 = 2 + \sqrt{2}$ einen Tiefpunkt besitzt. Berechnen Sie die zugehörigen Funktionswerte auf zwei Dezimalen genau.

d) Berechnen Sie f(–1), f(1,5) und f'(2).
Zeichnen Sie G_f unter Verwendung aller bisherigen Ergebnisse.

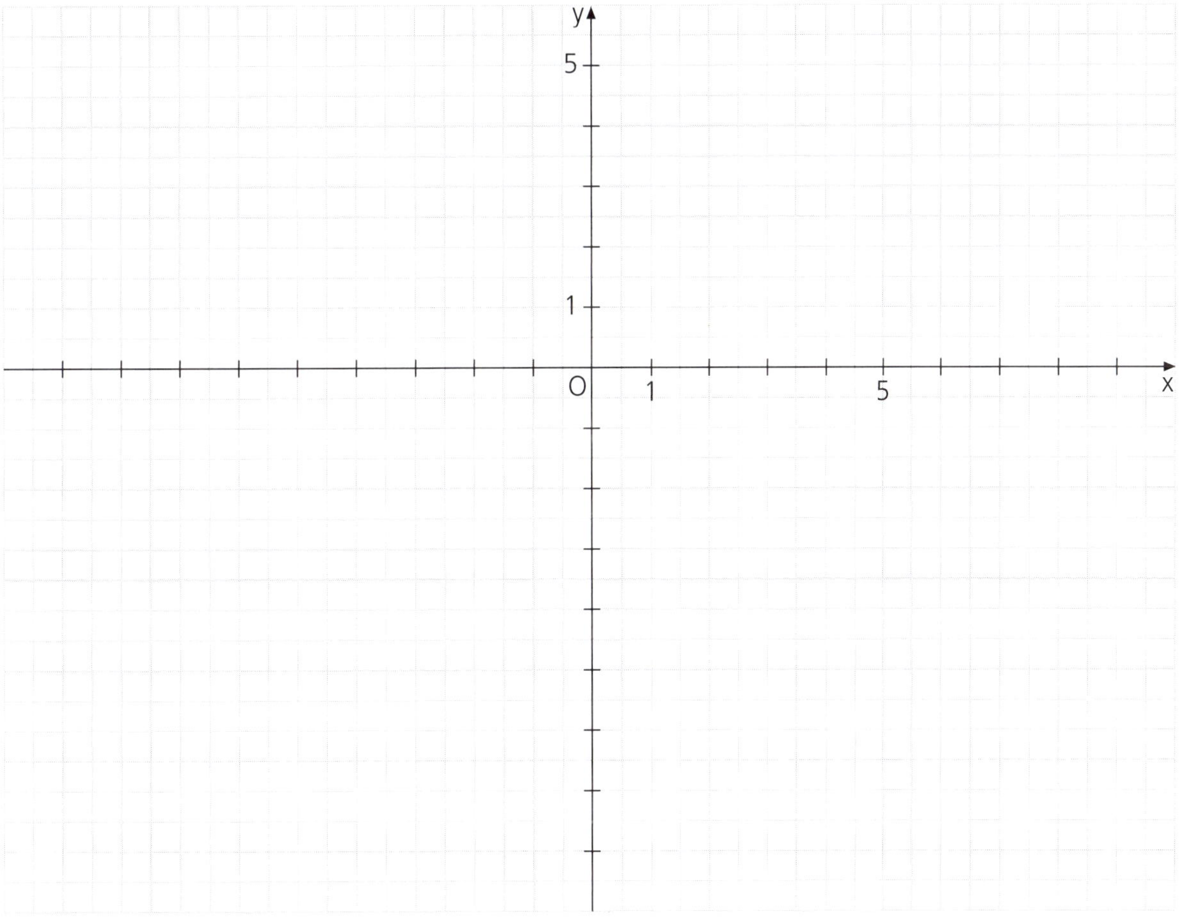

(2) Gegeben ist weiter die Integralfunktion

$$F: x \mapsto \int_{1,5}^{x} f(t)\,dt \text{ mit } D_F =]1; \infty[.$$

a) Zeigen Sie: $F(x) = \ln\left[\frac{9(x-1)}{2x^2}\right]$.

b) Ermitteln Sie alle Nullstellen von F und deuten Sie das Ergebnis geometrisch.

ABI 23. Gegeben ist die Schar von Funktionen

$f_a\colon x \mapsto \frac{ax^2-5}{x^2}$ mit $a \in \mathbb{R}^+$ und Definitionsbereich $D_a = \mathbb{R}\setminus\{0\}$.

Der Graph von f_a wird mit G_a bezeichnet.

(1) **a)** Bestimmen Sie das Symmetrieverhalten von G_a und die zwei Nullstellen von f_a.

[*Teilergebnis*: $x_1 = \sqrt{\frac{5}{a}}$]

b) Begründen Sie, dass die Gerade $g_a\colon y = a$ Asymptote von G_a ist. Untersuchen Sie das Verhalten von f_a an der Definitionslücke.

c) Untersuchen Sie das Monotonieverhalten von f_a.

[*Zur Kontrolle*: $f_a'(x) = \frac{10}{x^3}$]

d) Die Abbildung zeigt drei Graphen der Schar zu *ganzzahligen* Parameterwerten a. Geben Sie an, zu welchem Wert von a die Graphen I, II und III jeweils gehören, und begründen Sie Ihre Entscheidung.

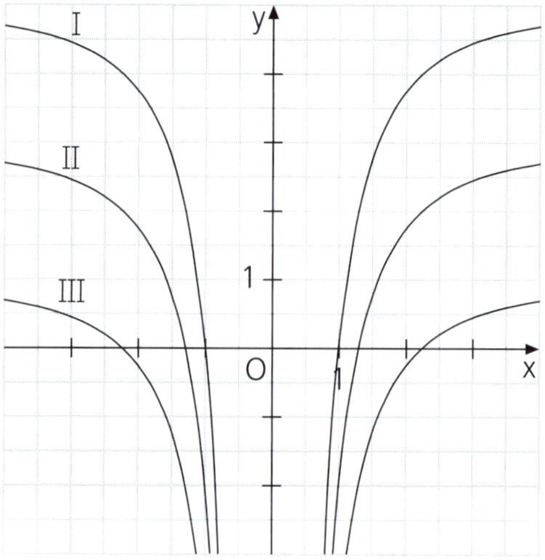

(2) **a)** Ermitteln Sie, für welche Werte des Parameters a die positive Nullstelle von f_a kleiner als 2,5 ist. Für diese Parameterwerte schließen der Graph G_a, die Koordinatenachsen, die Asymptote g_a und die Gerade mit der Gleichung x = 2,5 im ersten Quadranten eine Fläche mit Inhalt A_a ein.

b) Markieren Sie diese Fläche für einen der Graphen in der Abbildung von Teilaufgabe (1) d). Begründen Sie, dass für den Flächeninhalt A_a gilt:

$$A_a = 2{,}5a - \int_{\sqrt{\frac{5}{a}}}^{2{,}5} f_a(x)\,dx.$$

c) Zeigen Sie: $A_a = 2\sqrt{5a} - 2$.

[*Hinweis*: Für die Integration ist es hilfreich, den Term der Funktion f_a als Differenz darzustellen.]

d) Geben Sie ein Beispiel für zwei Parameterwerte a_1 und a_2 an, für die sich die Flächeninhalte A_{a_1} und A_{a_2} um $2\sqrt{5}$ unterscheiden.

(3) Nun sei a = 2. Die nebenstehende Abbildung zeigt den zugehörigen Graphen G_2. Die Tangenten an G_2 in den Kurvenpunkten P (–1,25 | –1,2) und Q (1,25 | –1,2) schließen mit der Asymptote $g_2\colon y = 2$ ein Dreieck ein. Skizzieren Sie das Dreieck in die nebenstehende Abbildung und berechnen Sie seinen exakten Flächeninhalt.

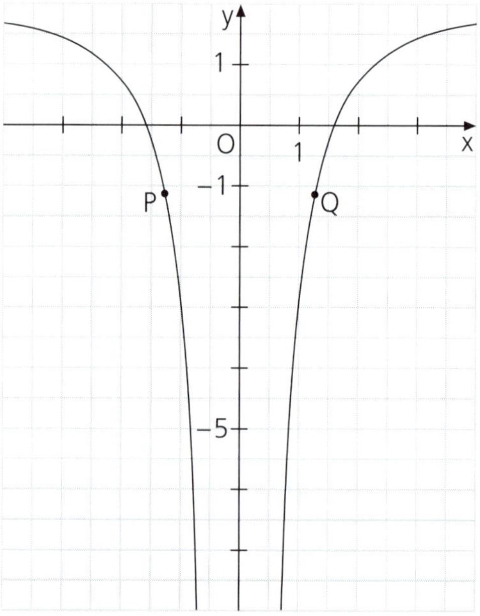

ABI 24. (1) Die Abbildung zeigt den Graphen G_f einer ganzrationalen Funktion f dritten Grads mit dem Definitionsbereich $D_f = \mathbb{R}$. Die in der Abbildung angegebenen Punkte P (1 | 3), N_1 (0 | 0), N_2 (2 | 0) und N_3 (4 | 0) sind Punkte von G_f.

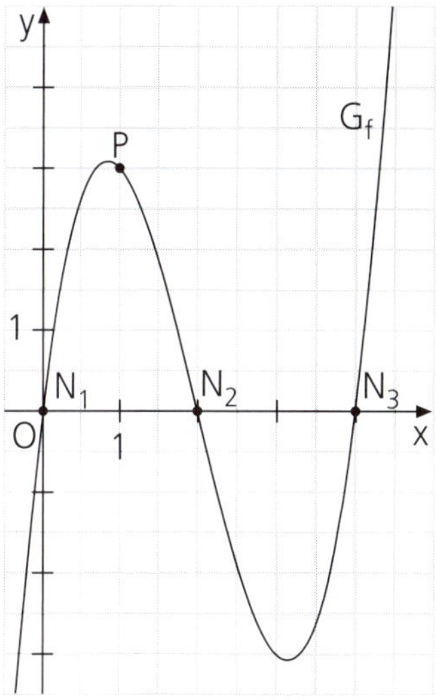

a) Geben Sie den Funktionsterm von f in der Form $f(x) = a(x - b)(x - c)(x - d)$ an, indem Sie passende Werte für a, b, c, d $\in \mathbb{R}$ ermitteln. Zeigen Sie, dass sich dieser in der Form $f(x) = x^3 - 6x^2 + 8x$ schreiben lässt.

b) Weisen Sie nach, dass N_2 Wendepunkt von G_f ist, und ermitteln Sie die Gleichung der zugehörigen Wendetangente. [*Zur Kontrolle*: Tangentengleichung $y = -4x + 8$]

c) Die Wendetangente schließt mit den Koordinatenachsen ein Dreieck ein. Bestimmen Sie die Innenwinkel dieses Dreiecks.

Betrachtet wird nun die Integralfunktion $F\colon x \mapsto \int_0^x f(t)\,dt$ mit $D_F = \mathbb{R}$.

d) Berechnen Sie F(4). Was folgt daraus für die beiden Flächenstücke, die der Graph G_f mit der x-Achse im I. und IV. Quadranten einschließt? Begründen Sie Ihre Antwort. Bestimmen Sie nun die Summe der Inhalte dieser beiden Flächenstücke.

e) Einer der drei abgebildeten Graphen I, II oder III stellt den Graphen von F dar. Geben Sie an, welcher dies ist, und begründen Sie Ihre Antwort, indem Sie erklären, warum die beiden anderen Graphen nicht in Betracht kommen.

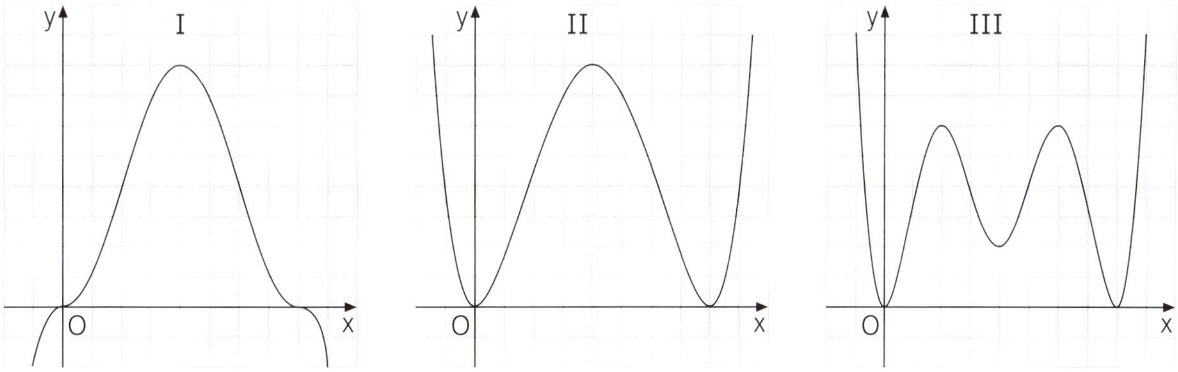

f) Bekanntlich ist jede Integralfunktion der Funktion f auch Stammfunktion von f. Begründen Sie, dass jede Integralfunktion mindestens eine Nullstelle hat. Geben Sie den Term einer Stammfunktion von f an, die keine Integralfunktion von f ist.

(2) In der Medizin wird radioaktives Jod-123 zur Untersuchung der Schilddrüse eingesetzt. Kurze Zeit nach der Verabreichung dieser Substanz an den Patienten wird die von der Substanz ausgehende Strahlung gemessen, wodurch Rückschlüsse auf den Zustand der Schilddrüse möglich sind. Durch radioaktiven Zerfall verringert sich die Substanzmasse.
Die im Körper des Patienten noch vorhandene Masse m des verabreichten Jod-123 lässt sich durch den Term $m(t) = m_0 \cdot e^{-kt}$ mit $k > 0$ beschreiben. Dabei gibt m_0 die zum Zeitpunkt $t = 0$ verabreichte Jodmasse an; t ist die Maßzahl der seit Verabreichung vergangenen Zeit in Stunden.

a) Nach einer Zeit von 13,2 Stunden ist nur noch die Hälfte der verabreichten Jodmasse vorhanden. Bestimmen Sie hieraus den Wert des Parameters k. [*Zur Kontrolle*: $k \approx 0{,}0525$]

b) Wie viel Prozent der verabreichten Jodmasse sind vier Stunden nach Verabreichung im Körper des Patienten noch vorhanden? Wie lange dauert es, bis 90% der verabreichten Jodmasse zerfallen sind?

ABI 25. Gegeben ist die Funktion f: $x \mapsto x \cdot e^{2-x}$ mit dem Definitionsbereich $D_f = \mathbb{R}$. Ihr Graph wird mit G_f bezeichnet.

(1) **a)** Geben Sie die Nullstelle von f an und untersuchen Sie das Verhalten von f für $x \to -\infty$ und für $x \to +\infty$.

b) Bestimmen Sie Art und Lage des Extrempunkts von G_f und ermitteln Sie die Gleichung der Tangente t an G_f im Punkt P (0 | f(0)).
[*Zur Kontrolle*: $f'(x) = (1 - x)e^{2-x}$]

c) Untersuchen Sie das Krümmungsverhalten von G_f. Geben Sie die Koordinaten des Wendepunkts von G_f an.

d) Berechnen Sie f(–0,5) und f(5). Zeichnen Sie die Tangente t und den Graphen G_f unter Berücksichtigung der bisherigen Ergebnisse in ein Koordinatensystem ein.
(Platzbedarf im Hinblick auf das Folgende: $-7 \leqq y \leqq 8$)

(2) **a)** Ermitteln Sie durch Betrachtung einer jeweils geeigneten Dreiecks- oder Trapezfläche grobe Näherungswerte für $\int_0^1 f(x)\,dx$ und $\int_1^5 f(x)\,dx$.

b) Betrachtet wird die Integralfunktion I: $x \mapsto \int_0^x f(t)\,dt$ für $x \in \mathbb{R}$.

Bestimmen Sie ohne Verwendung einer integralfreien Darstellung der Funktion I Art und Lage des Extrempunkts des Graphen von I.
Skizzieren Sie unter Einbeziehung der bisherigen Ergebnisse, insbesondere auch der Näherungswerte aus Teilaufgabe (2) a), den Graphen von I in das Koordinatensystem aus Teilaufgabe (1) d).

(3) Gegeben ist nun zusätzlich die Schar der Geraden g_a mit den Gleichungen $y = ax$; $a \in \mathbb{R}$.

a) Jede Gerade g_a hat mit G_f den Ursprung gemeinsam (kein Nachweis erforderlich). Untersuchen Sie rechnerisch, für welche Werte des Parameters a es einen zweiten Punkt gibt, den die Gerade g_a mit G_f gemeinsam hat. Geben Sie die x-Koordinate x_S dieses Punkts in Abhängigkeit von a an.
[*Zur Kontrolle*: $x_S = 2 - \ln a$]

b) F: $x \mapsto (-x - 1) \cdot e^{2-x}$ mit $x \in \mathbb{R}$ ist eine Stammfunktion von f (Nachweis nicht erforderlich). Ermitteln Sie den Inhalt der Fläche, die G_f mit der Geraden g_a für a = 1 einschließt.

c) G_f und die x-Achse schließen im I. Quadranten ein sich ins Unendliche erstreckendes Flächenstück ein, das den endlichen Flächeninhalt e^2 besitzt (Nachweis nicht erforderlich).
Für ein bestimmtes a_0 teilt die Gerade g_{a_0} dieses Flächenstück in zwei inhaltsgleiche Teilstücke. Geben Sie einen Ansatz zur Bestimmung von a_0 an.

ABI 26. Gegeben ist für $k \in \mathbb{R}^+$ die Schar von Funktionen $f_k\colon x \mapsto 1 - \frac{2k}{e^x + k}$ mit dem maximalen Definitionsbereich D_k. Der Graph von f_k wird mit G_k bezeichnet.

(1) **a)** Geben Sie den Definitionsbereich D_k an. Bestimmen Sie das Verhalten von f_k für $x \to -\infty$ und für $x \to +\infty$ und geben Sie die Gleichungen der Asymptoten von G_k an.

b) Untersuchen Sie das Monotonieverhalten von G_k.
[*Zur Kontrolle*: $f_k'(x) = \frac{2ke^x}{(e^x + k)^2}$]

c) Zeigen Sie, dass G_k die x-Achse nur im Punkt $S_k(\ln k \mid 0)$ schneidet. Die Tangente an G_k im Punkt S_k wird mit t_k bezeichnet. Begründen Sie, dass alle Tangenten t_k parallel zueinander sind.

d) Zeigen Sie, dass die Graphen G_1 und G_8 einander nicht schneiden.

e) Berechnen Sie $f_1(-1)$, $f_1(1)$, $f_8(1)$ und $f_8(3)$. Zeichnen Sie die Graphen G_1 und G_8, deren Asymptoten sowie die Tangenten t_1 und t_8 unter Berücksichtigung der bisherigen Ergebnisse in ein Koordinatensystem ein.

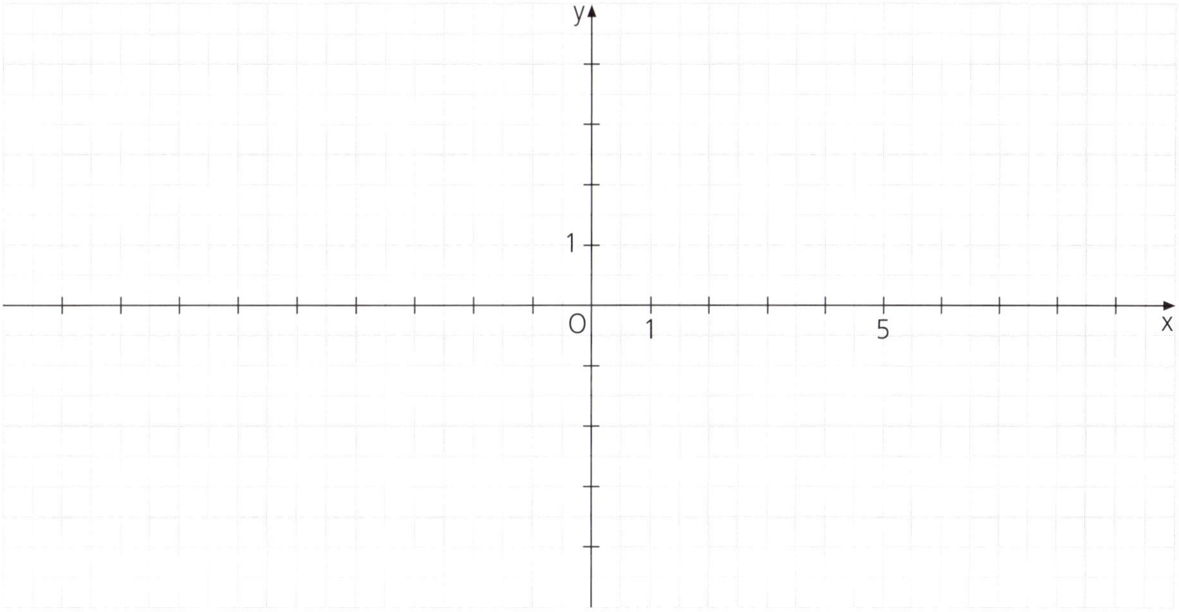

f) Begründen Sie, dass durch jeden Punkt der x-Achse ein Graph G_k verläuft.

g) Zeigen Sie, dass die Funktion $F_k\colon x \mapsto 2 \cdot \ln(e^x + k) - x$ mit $x \in D_k$ eine Stammfunktion von f_k ist.

h) G_8 und die Koordinatenachsen begrenzen im IV. Quadranten ein Flächenstück. Berechnen Sie dessen Inhalt.

(2) Lässt man für den Parameter k auch negative Werte zu, so unterscheiden sich die Graphen G_k mit $k \in \mathbb{R}^-$ von den Graphen G_k mit $k \in \mathbb{R}^+$. Geben Sie zwei grundsätzliche Unterschiede an und begründen Sie jeweils Ihre Antwort.

ABI 27. Gegeben ist die Funktion $f\colon x \mapsto \frac{1-x}{1+x}$ mit dem Definitionsbereich $D_f = \mathbb{R}\setminus\{-1\}$. Der Graph von f wird mit G_f bezeichnet.

(1) **a)** Untersuchen Sie das Verhalten von f an den Rändern des Definitionsbereichs und geben Sie die Gleichungen der Asymptoten von G_f an.

b) Die Terme der gebrochen-rationalen Funktionen g und h haben den gleichen Zähler wie f(x), aber jeweils einen anderen Nenner. Geben Sie je einen möglichen Funktionsterm für g und h an, sodass (bei jeweils maximalem Definitionsbereich) gilt:
– Der Graph von g hat keine senkrechte Asymptote.
– Die Funktion h hat an der Stelle $x = -1$ eine Polstelle ohne Vorzeichenwechsel.

(2) **a)** Geben Sie die Koordinaten der Achsenschnittpunkte von G_f an und untersuchen Sie das Monotonieverhalten von G_f.

b) Berechnen Sie f(3), f(–2) und f(–5). Zeichnen Sie G_f sowie die Asymptoten unter Verwendung der bisherigen Ergebnisse in ein Koordinatensystem ein.

(3) Die Funktion f ist umkehrbar (Nachweis nicht erforderlich). Bestimmen Sie den Term der Umkehrfunktion von f.
Was lässt sich aus dem Ergebnis hinsichtlich der Symmetrie von G_f folgern?

(4) **a)** Bestätigen Sie, dass die Funktion $F\colon x \mapsto -x + 2\ln(x+1);\ x \in\ ]-1;\infty[$, eine Stammfunktion der Funktion $f^*\colon x \mapsto f(x);\ D_{f^*} =]-1;\infty[$, ist.

b) Weisen Sie durch Rechnung nach, dass G_f im I. Quadranten den Viertelkreis um den Koordinatenursprung mit Radiuslänge 1 in zwei etwa inhaltsgleiche Teilflächen zerlegt.

Die Ergebnisse der Teilaufgaben (1) bis (3) können im Folgenden verwendet werden.

(5) Eine Kugel A der Masse 1 kg bewegt sich nach rechts und stößt mit der Geschwindigkeit $1\,\frac{m}{s}$ elastisch und zentral auf eine gleich große ruhende Kugel B.

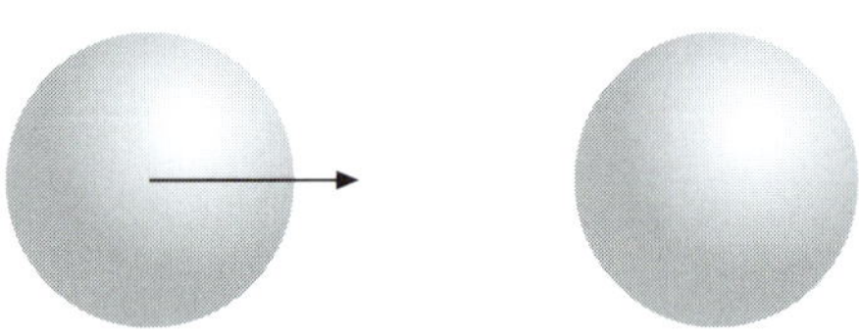

Kugel A Kugel B

Die Maßzahl der Geschwindigkeit der Kugel A in $\frac{m}{s}$ unmittelbar *nach* dem Zusammenstoß wird durch die Funktion $v\colon m \mapsto \frac{1-m}{1+m}$ mit $m \in \mathbb{R}^+$ beschrieben, wobei m für die Maßzahl der Masse der Kugel B in kg steht.
Zu einer Bewegung nach rechts gehören positive Geschwindigkeiten, zu einer Bewegung nach links negative Geschwindigkeiten.

a) Berechnen Sie, mit welcher Geschwindigkeit sich die Kugel A unmittelbar nach dem Stoß bewegt, wenn die Masse der Kugel B 0,6 kg beträgt.
Geben Sie die Grenzwerte der Funktion v für $m \to 0+$ sowie $m \to +\infty$ an und machen Sie für diese beiden Grenzfälle jeweils den Bewegungsablauf der Kugel A im Sachzusammenhang plausibel.

b) Ermitteln Sie, für welche Werte von m sich die Kugel A unmittelbar nach dem Stoß nach rechts bewegt.
Berechnen Sie, für welchen Wert von m sich die Kugel A unmittelbar nach dem Stoß mit $0{,}9\,\frac{m}{s}$ nach links bewegt.

M1. Analysis

BE

AI – Teil 1

1. Bestimmen Sie die Nullstellen der Funktion f: $x \mapsto (e^x - 2) \cdot (x^3 - 2x)$ mit Definitionsbereich $\mathbb{R}$. 3

2. Gegeben ist die Funktion f: $x \mapsto \frac{\ln x}{x-2}$ mit maximalem Definitionsbereich D_f. 6
Geben Sie D_f an und bestimmen Sie die Gleichung der Tangente an den Graphen von f an der Stelle x = 1.

3. Geben Sie den Term einer gebrochen-rationalen Funktion f an, die die beiden folgenden Bedingungen erfüllt: 3
- Der Graph von f berührt an der Stelle x = 1 die x-Achse.
- f hat x = 3 als Polstelle.

4. Bestimmen Sie den Term einer Stammfunktion der Funktion f: $x \mapsto \ln(2x)$; $D_f = \mathbb{R}^+$. 3

5. Für $x \geqq 1$ sind die Funktionen mit den folgenden Termen gegeben: 5

$f(x) = \sqrt{x - a}$, $\quad g(x) = \ln x$, $\quad h(x) = -\frac{1}{x} + b \quad$ mit $a, b \in \mathbb{N}$.

Ordnen Sie die Funktionen den nachfolgenden Graphen zu und bestimmen Sie die Werte der Parameter a und b. Erklären Sie Ihr Vorgehen.

i) ii) iii)

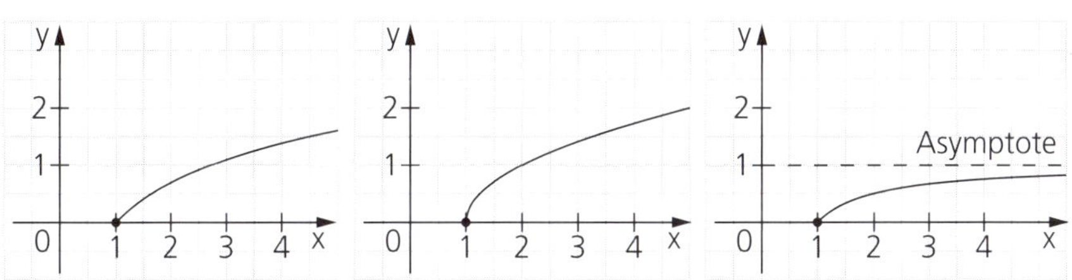

AI – Teil 2

6. Gegeben ist die Funktion f: $x \mapsto -\frac{1}{2}x^2 + 2$ mit $D_f = \mathbb{R}$.

a) Zeichnen Sie den Graphen G_f in ein Koordinatensystem. 2

b) Dem Flächenstück, das G_f mit der x-Achse einschließt, werden Rechtecke so einbeschrieben, dass jeweils eine Rechteckseite auf der x-Achse liegt. Berechnen Sie den größtmöglichen Flächeninhalt A eines solchen Rechtecks. 6

[*Ergebnis*: $A = \frac{16}{9}\sqrt{3}$]

c) Berechnen Sie, wie viel Prozent des Flächenstücks, das G_f mit der x-Achse einschließt, vom Rechteck maximalen Flächeninhalts aus Teilaufgabe 6.b) bedeckt werden. 5

(Fortsetzung nächste Seite)

BE

7. Gegeben sind die Funktionen $g\colon x \mapsto e^{-\frac{1}{4}x}$, $D_g = \mathbb{R}$, und $h\colon x \mapsto e^{-\frac{1}{4}x} \cdot \cos x$, $D_h = \mathbb{R}$.
Der Graph von h ist für $x \geqq 0$ im nachfolgenden Diagramm dargestellt.

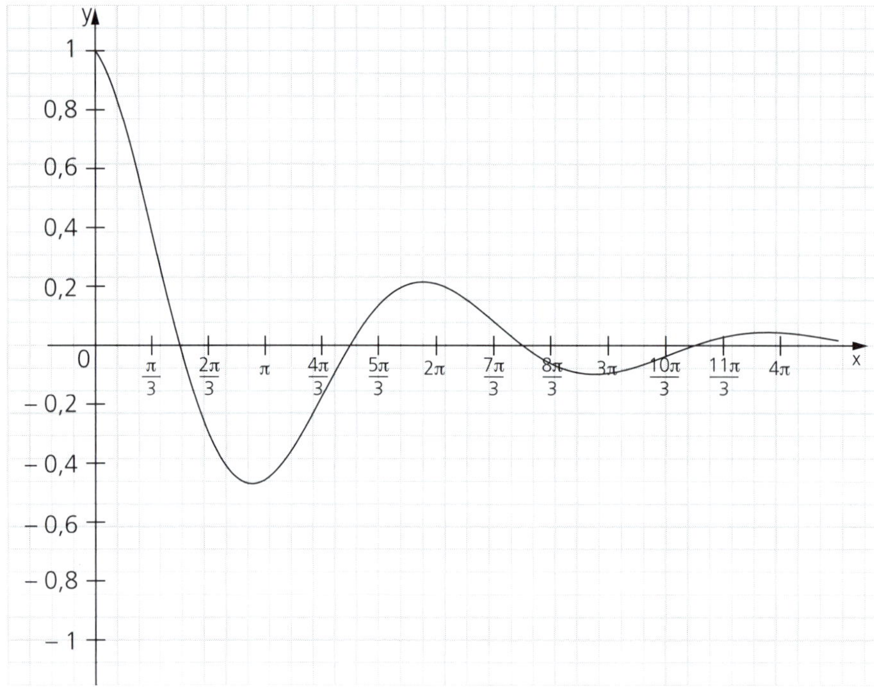

8 **a)** Untersuchen Sie das Monotonieverhalten von g und geben Sie das Verhalten von g für $x \to +\infty$ und $x \to -\infty$ an.
Berechnen Sie die Funktionswerte $g(0)$, $g(\pi)$, $g(2\pi)$, $g(3\pi)$ und $g(4\pi)$ und zeichnen Sie damit den Graphen von g und von $-g$ in obiges Koordinatensystem ein.

3 **b)** Die Funktion h entsteht aus der Kosinusfunktion $x \mapsto \cos x$; $D = \mathbb{R}$, durch Multiplikation mit der Funktion g. Beschreiben Sie, inwiefern sich der Graph von h aufgrund dieser Multiplikation vom Graphen der Kosinusfunktion unterscheidet. Gehen Sie dabei auch auf die Nullstellen von h und die Funktionswerte $h(n\pi)$; $n \in \mathbb{N}$, ein.

6 **c)** Berechnen Sie den Term $h'(x)$ der ersten Ableitung von h und weisen Sie nach, dass für die Extremstellen von h gilt: $\tan x = -0{,}25$. Zeigen Sie damit, dass die Extremstellen von h gegenüber den Extremstellen der Kosinusfunktion verschoben sind.

4 **d)** Entscheiden Sie, ob die folgenden Aussagen I. und II. wahr oder falsch sind, und machen Sie Ihre Antworten plausibel:
I. $\lim\limits_{x \to -\infty} h(x) = +\infty$
II. $\lim\limits_{x \to +\infty} h(x) = 0$

3 **e)** Die Funktion $H\colon x \mapsto \frac{16}{17} e^{-\frac{1}{4}x} (\sin x - \frac{1}{4} \cos x)$; $D_H = \mathbb{R}$, ist eine Stammfunktion von h.
Zeigen Sie durch Rechnung, dass $\int_0^{2\pi} h(x)\,dx$ positiv ist, und deuten Sie diesen Zusammenhang am Graphen von h.

3 **f)** Es gibt Werte $a > 0$, für die $\int_0^{a} h(x)\,dx$ negativ ist. Geben Sie einen solchen Wert an und begründen Sie Ihre Wahl ohne Rechnung.

60

AII – Teil 1

BE

1. Geben Sie für die Funktionen mit den folgenden Termen jeweils die maximale Definitionsmenge an und untersuchen Sie die Funktionen auf Nullstellen. 5

$f_1(x) = \frac{1}{x-1}$, $f_2(x) = \sqrt{x-1}$, $f_3(x) = \ln(x-1)$

2. Es gibt genau eine Tangente an den Graphen der Funktion $f\colon x \mapsto x^2$; $D_f = \mathbb{R}$, deren Neigungswinkel gegen die x-Achse 135° beträgt. Bestimmen Sie eine Gleichung dieser Tangente. 5

3. Der Graph einer auf $\mathbb{R}$ definierten, integrierbaren Funktion f sei punktsymmetrisch zum Ursprung.

a) Begründen Sie allgemein, dass dann für alle $a > 0$ gilt: $\int_{-a}^{a} f(x)\,dx = 0$. 3

b) Wählen Sie selbst eine Funktion f, deren Graph punktsymmetrisch zum Ursprung ist, und bestätigen Sie für dieses f die Aussage aus Teilaufgabe 3.a), indem Sie das Integral für die gewählte Funktion f mithilfe einer Stammfunktion berechnen. 4

4. Welcher der angegebenen Terme nähert die Funktion $f\colon x \mapsto \frac{1}{x} + x + 1$ für große Werte von x am besten? Machen Sie Ihre Antwort plausibel. 3

(i) $\frac{1}{x}$ (ii) x (iii) $x + 1$ (iv) $\frac{1}{x} + 1$ (v) $\frac{1}{x} + x$

AII – Teil 2

5. Die Funktion $f\colon t \mapsto 3(1 - e^{-t}) - t$ wird im Definitionsbereich $D_f = \mathbb{R}_0^+$ betrachtet. Der Graph von f wird mit G_f bezeichnet.

a) Bestimmen Sie das Verhalten von f an den Rändern von D_f. 10
Zeigen Sie, dass G_f genau einen Hochpunkt besitzt, und berechnen Sie dessen Koordinaten.
Berechnen Sie f(3) und skizzieren Sie G_f mit Hilfe der bisherigen Ergebnisse.
[Zur Kontrolle: Hochpunkt an der Stelle $t = \ln 3$]

b) Im Intervall [2; 3] besitzt f genau eine Nullstelle a. Führen Sie mit dem Startwert 3 den ersten Schritt des Newton-Verfahrens zur näherungsweisen Berechnung von a durch. 3
Man erhält dadurch a auf zwei Dezimalen genau.
[Ergebnis: $a \approx 2{,}82$]

c) Berechnen Sie mithilfe des Näherungswerts aus Teilaufgabe 5.b) den Inhalt des Flächenstücks, das G_f im I. Quadranten mit der t-Achse einschließt. 5

d) Betrachtet wird die Funktion $F\colon x \mapsto \int_a^x f(t)\,dt$; $D_F = D_f$. 5
Beschreiben Sie den Verlauf des Graphen von F in der Nähe des Punkts N (a | F(a)). Begründen Sie Ihre Ausführungen.
Welche Bedeutung hat das Ergebnis der Teilaufgabe 5.c) für die Funktion F?

(Fortsetzung nächste Seite)

BE

6. Jeder Körper sendet elektromagnetische Strahlung unterschiedlicher Frequenzen aus. Die Intensität der Strahlung hängt von der Frequenz der Strahlung ab. Im Idealfall gilt nach Max Planck für diese Intensität bei einem Körper der Temperatur T:

$I_T(x) = \frac{x^3}{e^{\frac{x}{T}} - 1}$; $D_{I_T} = \mathbb{R}^+$.

Dabei entspricht x bis auf eine Konstante der Frequenz der Strahlung, und der Parameter T (Temperatur in Kelvin) ist positiv.
Die Graphik zeigt die zu drei Werten des Parameters T gehörenden Graphen von I_T.
Jede Scharfunktion I_T hat genau eine Maximalstelle x_{max}.

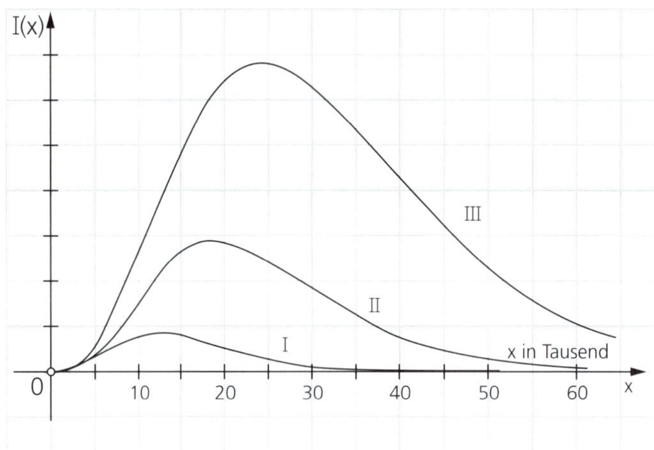

In den folgenden Teilaufgaben kann ohne Einheiten gerechnet werden.

3 **a)** Weisen Sie am Funktionsterm nach, dass $I_T(x)$ stets positiv ist.

6 **b)** Weisen Sie nach, dass für die erste Ableitung der Funktion I_T gilt:

$$I_T'(x) = \frac{x^2 e^{\frac{x}{T}}\left[3\left(1 - e^{-\frac{x}{T}}\right) - \frac{x}{T}\right]}{\left(e^{\frac{x}{T}} - 1\right)^2}.$$

Vergleichen Sie diesen Term mit dem der Funktion f aus Aufgabe 5 und zeigen Sie, dass für die Maximalstelle x_{max} von I_T gilt: $\frac{x_{max}}{T} = a$, wobei a die positive Nullstelle von f ist.

5 **c)** Unsere Sonne liefert maximale Intensität für $x_{max} = 17 \cdot 10^3$ (gelbgrüner Farbbereich). Welche Oberflächentemperatur ergibt sich hieraus für die Sonne?
Ordnen Sie die gezeichneten Graphen der Funktionsschar I_T den Temperaturen $T_1 = 4\,000$ Kelvin, $T_2 = 6\,000$ Kelvin und $T_3 = 8\,000$ Kelvin zu. Begründen Sie Ihre Antwort.

3 **d)** Ein Körper der Temperatur T liefert für x_{max} die Intensität $I_T(x_{max})$.
Begründen Sie, dass sich $I_T(x_{max})$ verachtfacht, wenn ein Körper mit doppelt so hoher Temperatur betrachtet wird.

60

Stochastik

1. Es ist $P(E_1) = 0{,}7$; $P(E_2) = 0{,}4$; $P(E_1 \cap E_2) = 0{,}3$.
Ergänzen Sie zunächst die Vierfeldertafel.

Ermitteln Sie dann

a) $P(\overline{E_1}) =$

b) $P(E_1 \cup E_2) =$

c) $P(E_1 \cup \overline{E_2}) =$

d) $P_{E_1}(E_2) =$

2. Es ist $P(\overline{E_1}) = 0{,}3$; $P(E_1 \cup E_2) = 0{,}8$; $P(E_1 \cap E_2) = 0{,}2$.
Ergänzen Sie zunächst die Vierfeldertafel.

Ermitteln Sie dann

a) $P(E_1) =$

b) $P(E_2) =$

c) $P(\overline{E_1} \cup \overline{E_2}) =$

d) $P_{E_2}(E_1) =$

3. Es ist $P(E_1) = 0{,}5$ und $P(E_2) = 0{,}2$, wobei die Ereignisse E_1 und E_2 voneinander stochastisch unabhängig sind. Ergänzen Sie zunächst die Vierfeldertafel.

Ermitteln Sie dann

a) $P(E_1 \cap E_2) =$

b) $P(\overline{E_1} \cup \overline{E_2}) =$

c) $P_{\overline{E_1}}(E_2) =$

4. Langjährige Beobachtungen an Jakobs Lieblingsferienort haben ergeben, dass dort auf einen Tag mit gutem Wetter mit einer Wahrscheinlichkeit von 75 % wieder ein Tag mit gutem Wetter folgt, während auf einen Tag mit schlechtem Wetter mit einer Wahrscheinlichkeit von 20 % ein Tag mit gutem Wetter folgt. Jakob kommt am Freitag an seinem Lieblingsferienort an und freut sich über das schöne Wetter an diesem Tag. Mit welcher Wahrscheinlichkeit herrscht

a) am Samstag schlechtes Wetter?

b) am Samstag und am Sonntag gutes Wetter?

c) in Jakobs Ferienwoche (also von Samstag bis einschließlich Freitag) nur gutes Wetter?

d) am Samstag schlechtes Wetter, aber am Sonntag und am Montag gutes Wetter?

e) in Jakobs Ferienwoche (also von Samstag bis einschließlich Freitag) nur schlechtes Wetter?

ABI 5. Aus langjähriger Erfahrung weiß man, das 60% der Gäste eines Kurorts für das Sonntags-Kurkonzert eine Eintrittskarte kaufen. Ein Kurgast, der eine Eintrittskarte gekauft hat, kauft mit einer Wahrscheinlichkeit von 40% ein T-Shirt mit dem Logo des Kurorts. Ein Kurgast, der keine Eintrittskarte gekauft hat, kauft mit 70% Wahrscheinlichkeit ein T-Shirt mit dem Logo des Kurorts.
Renate hat ein T-Shirt mit dem Logo des Kurorts gekauft. Ergänzen Sie das Baumdiagramm und finden Sie heraus, mit welcher Wahrscheinlichkeit Renate eine Eintrittskarte gekauft hat.

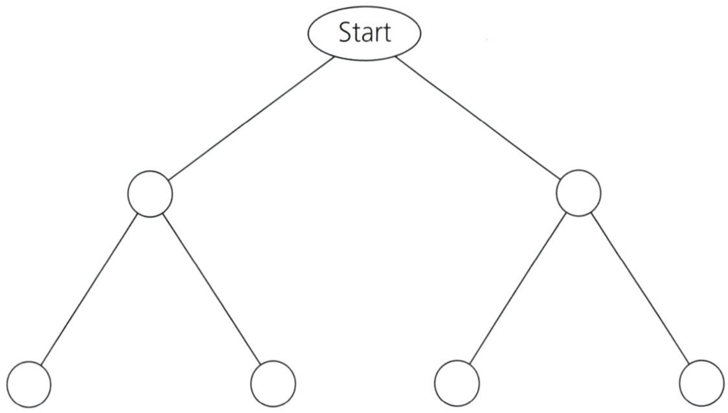

ABI 6. Insgesamt p% der Patienten einer Praxis leiden an einer Infektion durch den M-Virus. Der Nachweis dieser Krankheit durch einen Bluttest ist nicht zuverlässig: Falls jemand vom M-Virus befallen ist, dann diagnostiziert der Bluttest dies nur mit einer Wahrscheinlichkeit von 90%; falls jemand nicht infiziert ist, dann diagnostiziert der Bluttest in 5% dieser Fälle trotzdem eine M-Virus-Infektion.
Zeigen Sie, dass die Wahrscheinlichkeit, dass ein Patient tatsächlich infiziert ist, falls der Bluttest dies diagnostiziert, $\frac{0{,}9p}{0{,}85p + 5}$ beträgt. Für welche Werte von p ist diese Wahrscheinlichkeit größer als 90%?

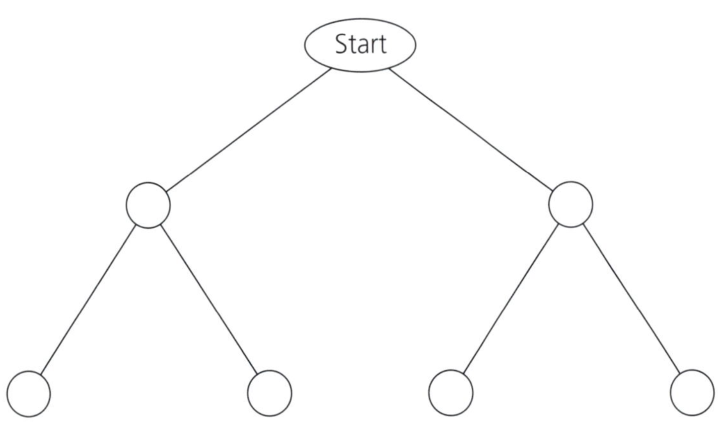

ABI 7. Eine Elektronikfirma vertreibt Geräte, die im Wesentlichen aus den beiden Bauteilen A und B bestehen. Während des Garantiezeitraums werden erfahrungsgemäß d% der Geräte defekt. Die defekten Geräte lassen sich in drei Klassen aufteilen: Klasse (1) enthält die Geräte, in denen nur Teil A defekt ist, Klasse (2) enthält die Geräte, in denen nur Teil B defekt ist, und Klasse (3) enthält die Geräte, in denen sowohl Teil A wie auch Teil B defekt ist. Die auf die Klassen (1), (2) und (3) entfallenden Geräteanzahlen verhalten sich wie 7 : 2 : 1.

a) Wie groß ist die (bedingte) Wahrscheinlichkeit, dass in einem Garantiefall nur das Teil A ersetzt werden muss?

b) Für welche Werte von d sind die Ereignisse „Teil A ist defekt“ und „Teil B ist defekt“ voneinander stochastisch abhängig?

c) Mit welcher Wahrscheinlichkeit ist in einem Gerät Teil B defekt, wenn man bereits weiß, dass Teil A defekt ist?

d) Wie hoch sind die durchschnittlichen Reparaturkosten, wenn die Reparatur von Teil A 30 € und die Reparatur von Teil B 50 € kostet?

ABI 8. Der Basketballspieler „Long Joe“ hat bei einem Freiwurf erfahrungsgemäß eine Trefferquote von 75 %. In einer Spielsituation erhält er zwei Freiwürfe zugesprochen. Mit welcher Wahrscheinlichkeit trifft er

a) beide Male?

b) mindestens einmal?

c) genau einmal?

d) nur beim ersten Mal?

Wie viele Freiwürfe müsste „Long Joe“ mindestens vornehmen, um mit einer Wahrscheinlichkeit von mehr als 99% mindestens einen Treffer zu erzielen?

ABI 9. An einem Aufnahmetest einer Universität haben 1 000 Abiturienten teilgenommen; 600 von ihnen hatten Vorbereitungskurse besucht. Das Testergebnis geht aus der nebenstehenden Vierfeldertafel hervor:

	Test bestanden		
	ja	nein	
Anzahl der Abiturienten ohne Kursbesuch	100	300	400
Anzahl der Abiturienten mit Kursbesuch	550	50	600
	650	350	1 000

Für einen zufällig ausgewählten Abiturienten interessieren die Ereignisse

C: „Der Abiturient hatte keinen Kurs besucht“ und

D: „Der Abiturient hat den Test bestanden“.

a) Untersuchen Sie, ob die Ereignisse C und D voneinander stochastisch unabhängig sind.

b) Formulieren Sie die Ereignisse mit den Wahrscheinlichkeiten $P_C(D)$ und $P_{\overline{C}}(D)$ in Worten und berechnen Sie dann diese beiden Wahrscheinlichkeiten.

10. Geschicktes Abzählen

Wenn Sie die in den beiden Tabellen über den Lösungen angegebenen Silben usw. in der Reihenfolge der Teilaufgaben aneinander reihen, erhalten Sie den Lösungssatz.

a) Wie viele unterschiedliche dreigängige Menüs können zusammengestellt werden, wenn auf der Speisekarte drei Vorspeisen, fünf Hauptgerichte und vier Nachspeisen angeboten werden?

b) Wie viele verschiedene fünfstellige natürliche Zahlen kann man mit den Ziffern 1, 2, 3, 4 und 5 bilden, wenn jede dieser Ziffern auch öfter als einmal (oder auch gar nicht) verwendet wird?

c) Wie viele verschiedene fünfstellige natürliche Zahlen kann man mit den Ziffern 1, 2, 3, 4 und 0 bilden, wenn jede dieser Ziffern auch öfter als einmal (oder auch gar nicht) verwendet wird?

d) Auf wie viele verschiedene Arten kann man zwei rote Gummibärchen an drei Personen verteilen?

e) In wie vielen verschiedenen Reihenfolgen kann man die sieben Zwerge Bashful, Doc, Dopey, Grumpy, Happy, Sleepy und Sneezy nebeneinander anordnen?

f) Wie viele verschiedene Sitzordnungen gibt es, wenn sich Anna, Bea, Chris, Elif, René und Vroni nebeneinander auf eine Bank setzen?

g) Wie viele verschiedene Sitzordnungen gibt es, wenn sich Anna, Bea, Chris, Elif, René und Vroni an einen runden Tisch setzen, bei dem kein Platz „ausgezeichnet" ist?

h) Wie viele verschiedene Sitzordnungen gibt es, wenn sich Anna, Bea, Chris, Elif, René und Vroni nebeneinander auf eine Bank setzen, wobei Bea und Vroni nebeneinander in der Mitte sitzen?

i) Laura soll drei gleiche Äpfel an Gregor und Lucas verteilen (ohne die Äpfel zu zerschneiden). Auf wie viele verschieden Arten kann sie dies tun?

j) Auf wie viele verschiedene Arten kann man vier gleiche Äpfel an Laura, Lucas und Sophie verteilen, ohne die Äpfel zu zerschneiden?

k) In wie vielen verschiedenen Reihenfolgen kann man die Buchstaben des Namens ANJA nebeneinander anordnen?

l) Lauras kleiner Bruder Simon hat zu seinem Geburtstag sieben Kinder eingeladen. Zu trinken gibt es Orangensaft. Jedes Kind stößt mit jedem anderen Kind genau einmal an. Wie oft klingen die Gläser?

m) Bei Simons Geburtstagsfeier gibt es fünf verschiedene Sorten Eis: Erdbeere, Himbeere, Schokolade, Vanille und Zitrone. Jedes Kind darf sich zwei Kugeln unterschiedlicher Sorten aussuchen. Wie viele verschiedene Kombinationen sind möglich?

n) In einer Eisdiele gibt es zwölf verschiedene Sorten Eis: Ananas, Blaubeere, Cola, Erdbeere, Himbeere, Joghurt, Mango, Orange, Schokolade, Vanille, Walnuss und Zitrone. Jeder Teilnehmer / jede Teilnehmerin der Theatergruppe darf sich zwei Kugeln unterschiedlicher Sorten aussuchen. Wie viele verschiedene Kombinationen sind möglich?

o) Auf wie viele verschiedene Arten kann man die Zahl 2 000 als Produkt zweier natürlicher Zahlen darstellen?

p) Auf wie viele verschiedene Arten kann man die Zahl 144 als Produkt zweier natürlicher Zahlen darstellen, wenn der zweite Faktor kleiner als der erste sein soll?

q) Ein Würfel trägt auf seinen sechs Flächen die Zahlen 1; 1; 1; 1; 6 bzw. 6. Er wird dreimal geworfen. Wie viele verschiedene Ergebnisse sind möglich?

r) Ein Schaufenster soll mit 18 Glühlampen, die sich nur durch ihre Farbe voneinander unterscheiden, dekoriert werden. Es stehen 4 rote, 5 grüne, 3 gelbe und 6 blaue Glühlampen zur Verfügung. Wie viele verschiedene Anordnungsmöglichkeiten gibt es, wenn die Glühlampen in einer Reihe angeordnet werden und sich die gleichfarbigen jeweils nebeneinander befinden sollen?

ne	Ant	du	Wenn	langst	ei	wei	ver	gen.
6	120	28	60	15	2 500	5 040	10	8

ver	se	du	nünf	musst	tig	wort	fra	(Goethe)
4	720	3 125	66	12	20	48	7	24

Lösungsssatz: ______________________________

11. Wahrscheinlichkeiten „kreuz und quer"

Lösen Sie die zwölf Aufgaben im Kopf oder auf einem Extrablatt.
Wenn Sie die in der Tabelle über den Lösungen angegebenen Silben usw. in der Reihenfolge der Teilaufgaben aneinander reihen, erhalten Sie den Lösungssatz.

a) Ein Laplace-Tetraeder trägt auf seinen vier Flächen die Zahlen 1; 2; 3 bzw. 4. Die unten liegende Zahl gilt als geworfen. Wie oft muss man das Tetraeder mindestens werfen, um mit einer Wahrscheinlichkeit von mehr als 90% mindestens einmal die Zahl 1 zu werfen?

b) Das Laplace-Tetraeder von Teilaufgabe a) wird dreimal geworfen. Mit welcher Wahrscheinlichkeit erscheint jede der Zahlen 1; 2 und 3 genau einmal?

c) Ein Laplace-Würfel trägt auf seinen Flächen die Zahlen 1; 1; 3; 3; 5 bzw. 5. Mit welcher Wahrscheinlichkeit fällt beim vierten Wurf erstmals die Zahl 1?

d) Ein Laplace-Würfel trägt auf seinen Flächen die Zahlen 2; 2; 4; 4; 6 bzw. 6. Wie groß ist die Wahrscheinlichkeit, dass bei fünfmaligem Würfeln einmal die Zahl 2 und viermal die Zahl 6 erscheint?

e) In einer Urne befinden sich zehn Kugeln, die mit den natürlichen Zahlen von 1 bis 10 beschriftet sind, sich aber sonst nicht voneinander unterscheiden. Bei einem Zufallsexperiment werden zwei Kugeln auf einmal gezogen und dann wieder zurückgelegt. Mit welcher Wahrscheinlichkeit ist keine der Zahlen auf diesen beiden Kugeln größer als 6?

f) Aus der Urne von Teilaufgabe e) werden zwei Kugeln auf einmal gezogen und dann wieder zurückgelegt. Mindestens wie oft muss man dieses Zufallsexperiment durchführen, damit man mit einer Wahrscheinlichkeit von mehr als 95% mindestens einmal eine 10 erhält?

g) In einer Urne sind acht gleichartige Kugeln. Fünf davon sind weiß und tragen die natürlichen Zahlen von 1 bis 5; drei sind rot und tragen die natürlichen Zahlen von 6 bis 8. Mindestens wie oft muss man aus dieser Urne je eine Kugel (mit Zurücklegen) ziehen, um mit mehr als 99,5% Wahrscheinlichkeit mindestens eine rote Kugel zu ziehen?

h) Kathrin entnimmt der Urne von Teilaufgabe g) drei Kugeln auf einmal. Mit welcher Wahrscheinlichkeit sind dies zwei rote Kugeln und eine weiße Kugel?

i) Kathrin entnimmt der Urne von Teilaufgabe g) drei Kugeln auf einmal. Mit welcher Wahrscheinlichkeit sind unter ihnen die beiden Kugeln mit den Zahlen 7 und 8?

j) Wie hoch ist der Anteil der Schwarzfahrer unter allen Fahrgästen der Städtischen Verkehrsbetriebe mindestens, wenn mit einer Wahrscheinlichkeit von mindestens 99% unter hundert zufällig ausgewählten Fahrgästen mindestens ein Schwarzfahrer ist?

k) Jakob hat bankfrische Geldscheine: zwei 50-€-Scheine, drei 20-€-Scheine und fünf 10-€-Scheine. Wie viele verschiedene Möglichkeiten hat er, diese zehn Scheine nebeneinander auf den Tisch zu legen, wenn er dabei die Nummern der Scheine nicht beachtet?

l) Wie viele verschiedene Möglichkeiten hat Jakob, die zehn Scheine von Teilaufgabe k) nebeneinander so auf den Tisch zu legen, dass jeweils alle Scheine mit gleichem Nennwert nebeneinander liegen, wenn er dabei die Nummern der Scheine nicht beachtet?

ho	manch	die	wech	Zum	muss	Über	Spur	seln.	mal	man	len
9,9%	12	10,7%	2 520	9	33,3%	9,4%	4,6%	6	26,8%	14	2,1%

Lösungsssatz: ____

____

12. a) Als „Haupttreffer" gilt, bei gleichzeitigem Werfen von fünf Spielwürfeln fünf gleiche Augenanzahlen zu werfen. Lucas wirft fünf Laplace-Spielwürfel gleichzeitig. Wie groß ist die Wahrscheinlichkeit, dass er einen „Haupttreffer" erzielt?

b) Ein „Full House" erzielt man, wenn man bei gleichzeitigem Werfen von fünf Spielwürfeln Augenanzahlen wirft, von denen drei untereinander gleich sind und die beiden übrigen ebenfalls untereinander gleich sind. (Jeder „Haupttreffer" [vgl. Teilaufgabe a)] ist also ebenfalls ein „Full House"). Jakob wirft fünf Laplace-Spielwürfel gleichzeitig. Mit welcher Wahrscheinlichkeit erzielt er ein „Full House"?

c) Eine „Große Straße" bedeutet, bei gleichzeitigem Werfen von fünf Spielwürfeln entweder alle Augenanzahlen von eins bis fünf oder alle Augenanzahlen von zwei bis sechs zu werfen. Kathrin wirft fünf Laplace-Spielwürfel gleichzeitig. Wie groß ist die Wahrscheinlichkeit, dass sie eine „Große Straße" erzielt?

Ordnen Sie die Lösungsansätze den Teilaufgaben a) bis c) zu und berechnen Sie dann die Wahrscheinlichkeiten auf Zehntel Prozent genau.

I $2 \cdot (5!) \cdot \left(\frac{1}{6}\right)^5 \approx$ __________ gehört zu Teilaufgabe __________ .

II $1 \cdot \left(\frac{1}{6}\right)^4 \approx$ __________ gehört zu Teilaufgabe __________ .

III $6 \cdot \frac{5!}{3! \cdot 2!} \cdot \left(\frac{1}{6}\right)^3 \cdot \frac{5}{6} \cdot \frac{1}{6} + \left(\frac{1}{6}\right)^4 \approx$ __________ gehört zu Teilaufgabe __________.

1. Gegeben ist jeweils eine Wahrscheinlichkeitsverteilung in Form einer Tabelle; vervollständigen Sie sie und ermitteln Sie den Erwartungswert und die Standardabweichung.

a)

x	–10	0	10	100
P(X = x)	0,125	0,375	0,450	

P(X = 100) = ______________________

E(X) = ______________________

σ = ______________________

b)

x	–100	0	10	1 000
P(X = x)	0,20	10a =	5a =	a =

Berechnung von a: ______________________

E(X) = ______________________

σ = ______________________

2. Beim Roulettespiel setzt Jakob 10 € auf *Schwarz*; Kathrin setzt 10 € auf *13*. Ergänzen Sie die Tabellen und berechnen Sie jeweils den Erwartungswert und die Standardabweichung der Zufallsgröße „Gewinn". Beurteilen Sie die Ergebnisse.

Hinweis: Die Zufallsgröße „Gewinn" kann auch negative Werte besitzen.

Jakob:

x	–10 €	10 €
P(X = x)		

E(X) = ______________________

σ = ______________________

Kathrin:

x	–10 €	350 €
P(X = x)		

E(X) = ______________________

σ = ______________________

Beurteilung:

____

____

____

3. In einer Urne befinden sich 20 Kugeln, und zwar 16 weiße und 4 schwarze; aus ihr werden nacheinander ohne Zurücklegen zwei Kugeln zufällig entnommen. Die Zufallsgröße X ist die Anzahl der dabei gezogenen schwarzen Kugeln.
Zeichnen Sie ein Baumdiagramm, geben Sie die Wahrscheinlichkeitsverteilung in einer Tabelle an und berechnen Sie den Erwartungswert und die Standardabweichung.

Baumdiagramm:

Wahrscheinlichkeitsverteilung:

x	0	1	2
P(X = x)			

E(X) =

σ =

ABI 4. Der LAPLO-Verlag hat ein neues Gesellschaftspiel entwickelt, bei dem neben Laplace-Spielwürfeln auch spezielle VEGAS-Würfel verwendet werden, die sich äußerlich von den Laplace-Würfeln nicht unterscheiden. Die VEGAS-Würfel zeigen jedoch die Augenanzahl 6 mit der Wahrscheinlichkeit $\frac{1}{3}$, während die anderen fünf Augenanzahlen untereinander gleich wahrscheinlich sind. Zeigen Sie, dass der Erwartungswert der Zufallsgröße „Augenanzahl bei einmaligem Werfen eines VEGAS-Würfels" 4 ist.

5. Eine Laplace-Münze wird so oft geworfen, bis zum ersten Mal Wappen erscheint, jedoch höchstens dreimal. Die Anzahl der Würfe bis zum Spielende sei X; $X \in \{1; 2; 3\}$. Ergänzen Sie die Tabelle und ermitteln Sie dann den Erwartungswert $\mu = E(X)$ sowie die Standardabweichung σ.

x	1	2	3
P(X = x)			

E(X) =

σ =

6. Auf den zwölf jeweils gleich großen Sektoren des abgebildeten Laplace-Glücksrads steht, welchen Betrag (in €) man gewinnt, wenn der Zeiger auf dieses Feld zeigt. Ergänzen Sie die Tabelle und finden Sie heraus, welcher Betrag auf lange Sicht im Mittel ausbezahlt wird.

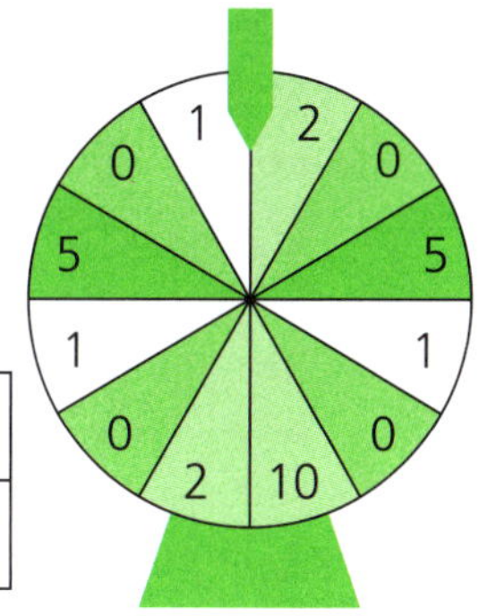

x	0	1	2	5	10
P(X = x)	$\frac{4}{12}$				

ABI 7. Die Zufallsgröße X mit der Wertemenge {0; 1; 2; 3} und dem Erwartungswert 1 hat die Wahrscheinlichkeitsverteilung $P(X = k) = \frac{a-k}{a} \cdot 0{,}4$ mit $k \in \{0; 1; 2; 3\}$ und $a \in \mathbb{R}^+$.

a) Berechnen Sie den Wert des Parameters a und geben Sie die Wahrscheinlichkeitsverteilung an.

x	0	1	2	3
P(X = x)				

b) Die Zufallsgröße X gibt die Anzahl der Treffer bei einem dreistufigen Zufallsexperiment an. Dieses Zufallsexperiment wird durch das untenstehende Baumdiagramm (T: Treffer; N: Niete) beschrieben. Berechnen Sie p_1 und p_4 und ermitteln Sie je einen möglichen Wert für p_2 und p_3, sodass sich mit diesen Werten die Wahrscheinlichkeitsverteilung der Zufallsgröße X richtig ergibt.

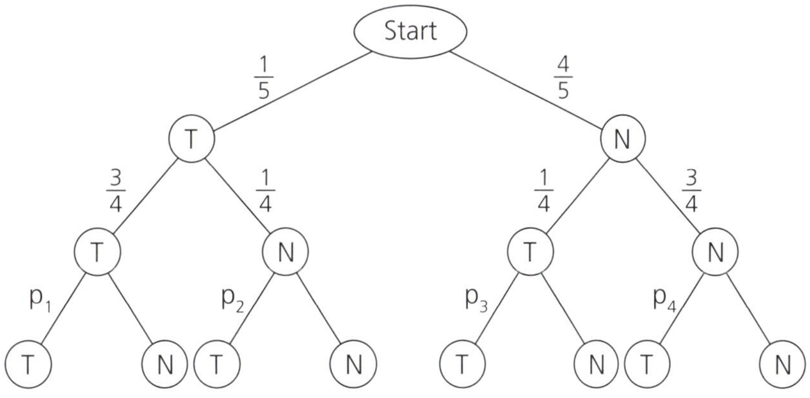

Anzahl der Treffer: 3 2

ABI 8. Die Firma LAVABO stellt Designerwaschbecken her. Zur Produktion der Waschbecken gehören unabhängig voneinander die Arbeitsgänge „Färben" und „Glasieren".
Aus Erfahrung weiß man, dass 90% der Waschbecken fehlerfrei gefärbt sind; 7% haben geringfügige Farbfehler, und 3% sind Ausschuss. Unabhängig von eventuellen Farbfehlern werden alle hergestellten Waschbecken glasiert; 94% werden fehlerfrei glasiert, 4% haben geringfügige Glasurfehler, und 2% sind Ausschuss. Fehlerfreie Waschbecken („1. Wahl") werden zum vollen Preis, Waschbecken mit geringfügigen Farb- *oder* Glasurfehlern („2. Wahl") werden zum halben Preis, und Waschbecken mit geringfügigen Farb- *und* Glasurfehlern („3. Wahl") werden zu einem Viertel des regulären Preises verkauft. Pro Ausschusswaschbecken entsteht ein Verlust von 50 €.
Finden Sie heraus, welcher Preis für ein fehlerfreies Waschbecken festgelegt werden muss, wenn der Durchschnittspreis pro Waschbecken 240 € betragen soll.

Baumdiagramm:

Rechnung:

ABI 9. Ein Gerätehersteller führt vor jeder größeren Lieferung folgenden Test durch: Es werden nacheinander so lange Geräte „mit Zurücklegen" geprüft, bis entweder das zweite einwandfreie oder das zweite defekte Gerät aufgetreten ist. Im ersten Fall wird die Lieferung freigegeben; im zweiten Fall wird sie zurückbehalten.

a) Ergänzen Sie das Baumdiagramm und geben Sie einen passenden Ergebnisraum an.
E: „Gerät ist einwandfrei"
$\overline{E}$: „Gerät ist defekt"

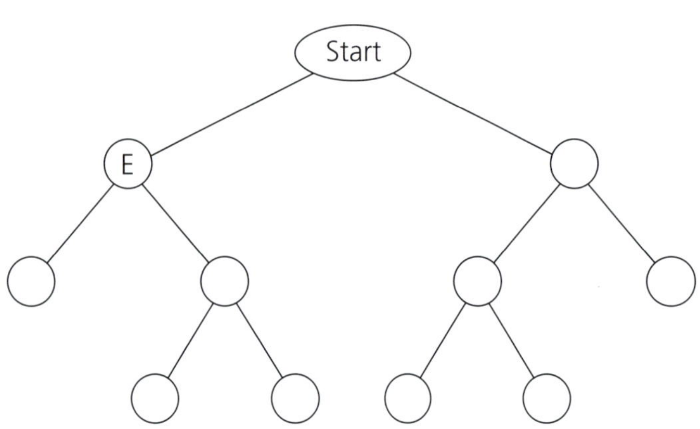

b) Geben Sie die Wahrscheinlichkeit des Ereignisses L: „Es wird geliefert" in Abhängigkeit vom Anteil p ($0 < p < 1$) der defekten Geräte an.
Zur Kontrolle: $P(L) = (2p + 1)(1 - p)^2$
Weisen Sie mit Methoden der Differentialrechnung nach, dass P(L) mit zunehmendem p streng monoton abnimmt.

c) Die Zufallsgröße X gibt die Anzahl der zu prüfenden Geräte an. Bestätigen Sie zunächst, dass $P(X = 2) = 1 - 2p + 2p^2$ und $P(X = 3) = 2p(1 - p)$ ist, und dann, dass $E(X) = 2(1 + p - p^2)$ ist. Für welchen Wert von p müssen im Durchschnitt die meisten Geräte geprüft werden?

ABI 10. Im Spielsalon des Kreuzfahrtschiffs *Regina Isabella* wird folgendes Spiel angeboten:
Für einen Einsatz von 5 € wirft der Spieler / die Spielerin einen Laplace-Spielwürfel dreimal.
Für jede geworfene 1 wird ein Betrag von 6 € ausbezahlt. Zufallsgröße X ist die Anzahl der bei diesem Spiel erzielten „Einsen".

a) Geben Sie die Wahrscheinlichkeitsverteilung von X an und stellen Sie sie graphisch durch ein Strichdiagramm dar.

x	0	1	2	3
P(X = x)				

b) Berechnen Sie den Erwartungswert E(X) und die Standardabweichung σ.

c) Finden Sie heraus, ob die Bank bei diesem Spiel „auf lange Sicht" mit Gewinn rechnen kann.

ABI 11. Ein Wartungsbetrieb für Geschirrspülmaschinen hat festgestellt, dass die Defekte bei Spülmaschinen des Typs *Facile* genau drei (einander ausschließenden) Fehlerkategorien F_1, F_2 bzw. F_3 zugeordnet werden können; F_1 tritt in 70%, F_2 in 15% der Schadensfälle auf. Die Reparaturkosten betragen 100 € bei F_1, 80 € bei F_2 und 60 € bei F_3.
Eine Spülmaschine des Typs *Facile*, die Fehler F_1 aufweist, hat zu 90% „Wasserschaden"; bei Fehler F_2 hat die Spülmaschine zu 50% „Wasserschaden", und bei Fehler F_3 tritt kein „Wasserschaden" auf.

a) Bei einem Reparaturfall hat die Spülmaschine „Wasserschaden". Berechnen Sie die Wahrscheinlichkeit, dass bei dieser Spülmaschine der Fehler F_1 vorliegt.

b) Bei einem Reparaturfall liegt bei einer Spülmaschine der Fehler F_1 vor. Mit welcher Wahrscheinlichkeit hat diese Spülmaschine auch „Wasserschaden"?

c) Berechnen Sie den Erwartungswert der Reparaturkosten für eine Spülmaschine mit „Wasserschaden".

Baumdiagramm:

c) Reparaturkosten X für eine Spülmaschine mit „Wasserschaden":

Fehler	F_1	F_2
x	100 €	80 €
P(X = x)		

Erwartungswert:

E(X) =

12. Bei einer Lotterie gewinnt man bei 1% der Lose je 100 €, bei 5% der Lose je 10 € und bei 25% der Lose je 1 €; die restlichen 69% der Lose sind „Nieten". Finden Sie heraus, wie viel ein Los kosten muss,

a) damit der Lotterieveranstalter auf lange Sicht keinen Gewinn hat. 1,75 €

b) damit der Lotterieveranstalter „auf lange Sicht" im Mittel pro Los 1 € gewinnt. 2,75 €

13. Die Sektoren der drei abgebildeten Laplace-Glücksräder sind jeweils gleich groß. Bei einem Spiel wird das jeweilige Glücksrad genau einmal gedreht; die Auszahlungsbeträge (in €) sind auf den Sektoren angegeben.
Finden Sie jeweils heraus, welcher Einsatz erforderlich ist, damit das Spiel fair ist.

a) b) c)

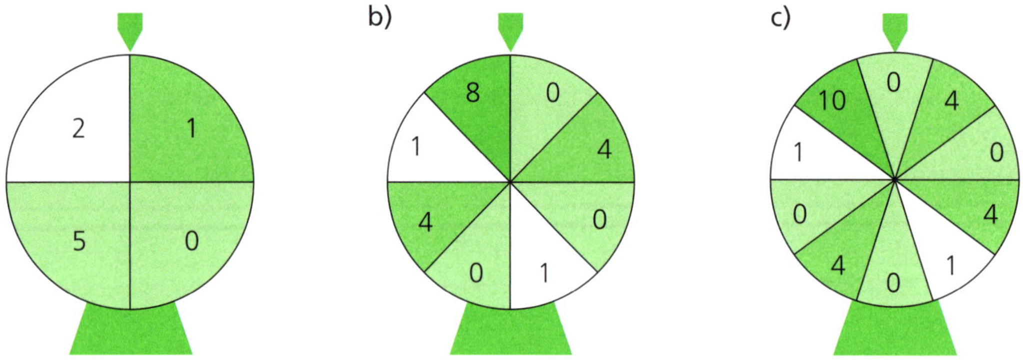

a) 2
b) 2,25
c) 2,40

ABI 14. Mit einem Laplace-Tetraeder, das auf seinen vier Flächen die Zahlen 1, 2, 3 bzw. 4 trägt, wird zweimal „gewürfelt". Es gilt die Zahl als geworfen, die auf der unten liegenden Fläche des Tetraeders steht.

a) Berechnen Sie die Wahrscheinlichkeiten $P(E_1)$ und $P(E_2)$ der beiden Ereignisse
E_1: „Das Ergebnis des ersten Wurfs ist kleiner als 3; der zweite Wurf liefert eine ungerade Zahl"
sowie
E_2: „Der Summenwert der beiden geworfenen Zahlen ist eine ungerade Zahl".
Untersuchen Sie, ob die beiden Ereignisse E_1 und E_2 voneinander stochastisch abhängig sind.
Ergänzen Sie dazu die Tabelle.

1. Wurf	1	1	1	1	2	2	2	2	3	3	3	3	4	4	4	4
2. Wurf	1	2	3	4	1	2	3	4	1	2	3	4	1	2	3	4
Summenwert	2	3														
E_1	x															
E_2		x														
$E_1 \cap E_2$																

b) Man benutzt das Tetraeder zu einem Glücksspiel. Jeder Spieler / jede Spielerin muss einen bestimmten Einsatz a € bezahlen. Ist bei zweimaligem Werfen der Summenwert der beiden geworfenen Zahlen

- 2 oder 8, so erhält der Spieler / die Spielerin 2 € ausbezahlt.
- 3 oder 7, so erhält der Spieler / die Spielerin 1 € ausbezahlt.
- 4 oder 5 oder 6, so erhält der Spieler / die Spielerin nichts ausbezahlt.

Schätzen Sie zunächst und berechnen Sie dann, wie hoch der Einsatz a € gewählt werden muss, damit das Spiel fair ist.

ABI 15. Ein „gezinktes" Tetraeder trägt auf seinen vier Flächen die Zahlen 1, 2, 3 bzw. 4. Es gilt die Zahl X als geworfen, die auf der unten liegenden Tetraederfläche steht. Die Zufallsgröße X hat die Wahrscheinlichkeitsverteilung $P(X = 1) = \frac{1}{4}$, $P(X = 2) = \frac{1}{3}$, $P(X = 3) = \frac{1}{4}$ und $P(X = 4) = \frac{1}{6}$.

(1) Das Tetraeder wird viermal geworfen, und aus den geworfenen Ziffern wird unter Beachtung der Reihenfolge eine vierstellige Zahl gebildet.

a) Wie viele verschiedene Zahlen können auftreten?

b) Wie viele verschiedene Zahlen mit genau drei gleichen Ziffern können auftreten?

c) Mit welcher Wahrscheinlichkeit tritt eine Zahl mit vier verschiedenen Ziffern auf? Ist diese Wahrscheinlichkeit größer als, ebenso groß wie oder kleiner als bei einem *Laplace*-Tetraeder?

(2) Ein Spiel besteht im einmaligen Werfen des Tetraeders; der Einsatz beträgt 5 €.

a) Berechnen Sie den Erwartungswert E(X).

b) Der Reingewinn G (in €) pro Spiel beträgt $G = 2 \cdot X - 5$. Geben Sie die Spielregel an und finden Sie heraus, ob das Spiel fair ist.

Ein Zufallsexperiment mit genau zwei möglichen Ergebnissen heißt **Bernoulli-Experiment**. Die beiden möglichen Ergebnisse bezeichnet man mit 1 (günstig; Treffer; Erfolg) bzw. mit 0 (ungünstig; Niete; Misserfolg) und die zugehörigen Wahrscheinlichkeiten mit $p = P(\{1\})$ bzw. mit $q = P(\{0\}) = 1 - p$. Die Ergebnismenge ist $\Omega = \{1; 0\}$.
Führt man dasselbe Bernoulli-Experiment unter jeweils gleichen Bedingungen mehrmals (n-mal; $n \in \mathbb{N}\setminus\{1\}$) durch, so spricht man von einer **Bernoulli-Kette der Länge n**.

1. Fünf gleich gute Fußballspieler schießen nacheinander jeweils genau einmal auf ein Tor; die Trefferwahrscheinlichkeit p ist bei jedem von ihnen 0,8. Wie groß ist die Wahrscheinlichkeit, dass

a) jeder dieser Fußballspieler je einen Treffer erzielt? ______

b) keiner dieser Fußballspieler einen Treffer erzielt? ______

c) nur der erste und der letzte dieser Fußballspieler je einen Treffer erzielt? ______

d) genau vier dieser Fußballspieler je einen Treffer erzielen? ______

Mindestens wie viele gleich gute Fußballspieler (mit $p = 0{,}8$) müssen je einmal auf das Tor schießen, damit mit einer Wahrscheinlichkeit von mehr als 99% mindestens ein Tor fällt?

______

______

______

2. Jakob hat im Garten seines Onkels zehn Bio-Äpfel geerntet; er weiß aus Erfahrung, dass die Äpfel mit einer Wahrscheinlichkeit von 25% wurmstichig sind. Wie groß ist die Wahrscheinlichkeit, dass von diesen zehn Äpfeln

a) keiner wurmstichig ist? ______

b) genau einer wurmstichig ist? ______

c) mindestens einer wurmstichig ist? ______

d) höchstens einer wurmstichig ist? ______

ABI **3.** Die Firma LaLeLu GmbH stellt Schokoladefiguren her. Diese werden in Kartons zu je 12 Stück verpackt. Erfahrungsgemäß gehen 2% zu Bruch. Mit welcher Wahrscheinlichkeit enthält ein Karton

a) keine zerbrochene Figur? ______

b) genau eine zerbrochene Figur? ______

c) mindestens eine zerbrochene Figur? ______

Finden Sie heraus, mindestens wie viele Kartons überprüft werden müssen, um mit einer Wahrscheinlichkeit von mindestens 95% mindestens eine zerbrochene Figur zu finden.

ABI 4. Dorothea fährt stets entweder auf der kürzeren Route (1) oder auf der längeren Route (2) zum Tennisplatz. Die Wahl der Route trifft sie spontan. Auf der (kürzeren) Route (1) ist mit 80% Wahrscheinlichkeit mit Stau zu rechnen, auf der (längeren) Route (2) dagegen nur mit 45% Wahrscheinlichkeit. Am Ende der Tennissaison stellt sie fest, dass sie sich bei zwei Dritteln der Fahrten für die Route (2) entschieden hat.

Ergänzen Sie das Baumdiagramm. S: Stau
$\overline{S}$: kein Stau

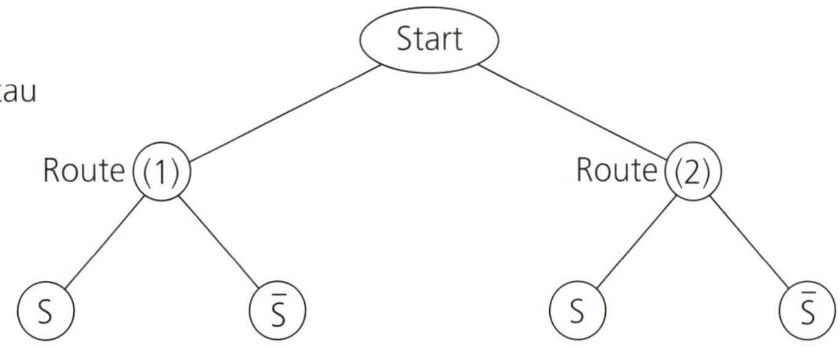

a) Formulieren Sie die Ereignisse mit den Wahrscheinlichkeiten P(S), P_S(Route (1)) bzw. $P_{\overline{S}}$(Route(2)) in Worten und berechnen Sie dann diese Wahrscheinlichkeiten.

b) Dorothea wählt viermal hintereinander die Route (1). Berechnen Sie die Wahrscheinlichkeit dafür, dass sie jedesmal in einen Stau gerät.

c) Dorothea wählt viermal hintereinander die Route (2). Berechnen Sie die Wahrscheinlichkeit dafür, dass sie genau dreimal in einen Stau gerät.

Begründen Sie, dass bei jeder Fahrt zum Tennisplatz zwei Bernoulli-Experimente ablaufen.

5. Untersuchen Sie jeweils, ob das angegebene Zufallsexperiment eine Bernoulli-Kette darstellt, und geben Sie ggf. die Trefferwahrscheinlichkeit p sowie die Kettenlänge n an.

a)	Die Treffsicherheit eines Schützen ist 60%; er schießt bei einem Wettbewerb genau zehnmal.
b)	Eine medizinische Untersuchung hat gezeigt, dass 20% aller Kinder Übergewicht haben. Bei 25 von 120 Schülern/Schülerinnen der fünften Klassen einer Schule wird Übergewicht festgestellt.
c)	In einer Urne sind genau 15 schwarze und 5 weiße Kugeln. Oliver zieht nacheinander sechs Kugeln mit Zurücklegen und hält die Anzahl X der gezogenen weißen Kugeln fest.
d)	Ein Chirurg weiß aus langjähriger Erfahrung, dass die Erfolgsaussichten bei einer bestimmten schwierigen Operation 75% betragen. In einer Woche führt er diese Operation 12-mal durch.
e)	In einer Urne sind genau 15 schwarze und 5 weiße Kugeln. Gitti zieht nacheinander sechs Kugeln ohne Zurücklegen und hält die Anzahl der gezogenen weißen Kugeln fest.
f)	Eine 2-€-(Laplace-) Münze wird 50-mal geworfen und die Anzahl der Wappen mit einer Strichliste ermittelt.

Urnenmodell: „Ziehen mit Zurücklegen"
Bei einer Bernoulli-Kette mit der Länge n und der Trefferwahrscheinlichkeit p gilt für die Wahrscheinlichkeit des Erzielens von genau k ($0 \leqq k \leqq n$) Treffern $\mathbf{P(X = k) = \binom{n}{k} p^k (1 - p)^{n-k}}$.
Urnenmodell: „Ziehen ohne Zurücklegen"
In einer Urne sind N Kugeln; S von ihnen sind schwarz und N – S weiß. Man zieht aus dieser Urne nacheinander genau n-mal je eine Kugel ohne Zurücklegen. Für die Wahrscheinlichkeit des Ziehens von genau k schwarzen Kugeln gilt $\mathbf{P(X = k) = \frac{\binom{S}{k} \cdot \binom{N-S}{n-k}}{\binom{N}{n}}}$.

6. Orientieren Sie sich zunächst, mithilfe welcher Taste(n) Ihres Taschenrechners Sie Werte von Binomialkoeffizienten finden können. Berechnen Sie dann (mit oder ohne Hilfe Ihres Taschenrechners) die angegebenen Binomialkoeffizienten.

a) $\binom{5}{2} =$ b) $\binom{7}{3} =$ c) $\binom{8}{1} =$

d) $\binom{13}{9} =$ e) $\binom{20}{8} =$ f) $\binom{50}{45} =$

g) $\binom{100}{96} =$ h) $\binom{25}{17} =$ i) $\binom{86}{84} =$

7. **a)** An einem Fußballturnier nehmen 16 Mannschaften teil. Wie viele Endspielkombinationen sind möglich? ______

b) Aus einem Kurs mit 24 Azubis sollen vier Azubis ausgewählt werden.
Wie viele verschiedene Auswahlmöglichkeiten gibt es? ______

c) Beim Lotto *6 aus 49* werden aus 49 Zahlen sechs Zahlen ausgewählt. Wie viele verschiedene Möglichkeiten gibt es hierfür? ______

d) Aus den 26 Buchstaben des Alphabets werden fünf zufällig ausgewählt. Wie groß ist die Wahrscheinlichkeit, dass nur Vokale ausgewählt werden? ______

e) In einer Lostrommel sind zwei Gewinnlose und neun Nieten. Jakob und Kathrin ziehen abwechselnd (ohne Zurücklegen) so lange immer wieder je ein Los, bis die Trommel leer ist. Jakob beginnt. Wie groß ist die Wahrscheinlichkeit,
(1) dass Jakob gleich bei seinem ersten Zug ein Gewinnlos zieht? ______
(2) dass Kathrin bei ihrem ersten Zug ein Gewinnlos zieht, wenn Jakob bei seinem ersten Zug bereits ein Gewinnlos gezogen hat? ______
(3) dass Kathrin bei ihrem ersten Zug ein Gewinnlos zieht, wenn Jakob bei seinem ersten Zug eine Niete gezogen hat? ______
(4) dass sich die beiden Gewinnlose noch immer in der Lostrommel befinden, nachdem Jakob und Kathrin je zweimal gezogen haben? ______
(5) dass Jakob nach seinem sechsten (und letzten) Zug noch immer nichts gewonnen hat?
______

8. Bert, Doris, Fred, Hilde, Kurt und Marie haben Übergewicht und wollen unter Aufsicht eines Arztes eine Schlankheitskur beginnen. Zwei von ihnen sind sogar stark übergewichtig (BMI $\geqq 30$). Untersuchungen des Arztes ergeben, dass – entsprechende Betreuung vorausgesetzt – bei 60% der stark Übergewichtigen und bei 75% derjenigen Übergewichtigen, die nicht stark übergewichtig sind ($25 \leqq$ BMI < 30), die Schlankheitskur erfolgreich ist.

a) Kreuzen Sie die Terme an, die die Wahrscheinlichkeit beschreiben, dass bei genau drei der vier nicht stark Übergewichtigen die Kur erfolgreich verläuft.

(1) $\binom{6}{3} \cdot 0{,}75^3 \cdot 0{,}25$ (2) $\binom{4}{3} \cdot 0{,}75^3 \cdot 0{,}25$ (3) $\binom{4}{1} \cdot 0{,}75^3 \cdot 0{,}25$

(4) $0{,}75^3 \cdot 0{,}25$ (5) $4 \cdot 0{,}75^3 \cdot 0{,}25$ (6) $\binom{6}{3} \cdot 0{,}75 \cdot 0{,}25^3$

b) Berechnen Sie die Wahrscheinlichkeit, dass mindestens fünf der sechs Personen die Schlankheitskur erfolgreich beenden.

____

____

9. Eine Bernoulli-Kette hat die Länge n und die Trefferwahrscheinlichkeit p; die Zufallsgröße X beschreibt die Anzahl der Treffer. Ordnen Sie jeder Angabe in der linken Tabelle den passenden Ansatz in der rechten Tabelle zu und tragen Sie dann den zugehörigen Großbuchstaben in die linke Tabelle ein.

a)	$P(X = 2)$ für $n = 5$ und $p = 0{,}1$	J.
b)	$P(X \leqq 4)$ für $n = 5$ und $p = 0{,}9$	
c)	$P(1 < X < 4)$ für $n = 5$ und $p = 0{,}1$	
d)	$P(X \leqq 1)$ für $n = 5$ und $p = 0{,}1$	
e)	$P(X > 1)$ für $n = 5$ und $p = 0{,}9$	
f)	$P(X > 3)$ für $n = 5$ und $p = 0{,}1$	
g)	$P(1 < X \leqq 4)$ für $n = 5$ und $p = 0{,}9$	
h)	$P(X < 5)$ für $n = 5$ und $p = 0{,}1$	
i)	$P(3 < X < 5)$ für $n = 5$ und $p = 0{,}9$	
j)	$P(X \geqq 0)$ für $n = 5$ und $p = 0{,}1$	

L	$1 - P(X = 5) = 1 - 0{,}1^5$
E	$\binom{5}{2} \cdot 0{,}1^2 \cdot 0{,}9^3 + \binom{5}{3} \cdot 0{,}1^3 \cdot 0{,}9^2$
N	$1 - 0{,}1^5 - 5 \cdot 0{,}1^4 \cdot 0{,}9^1$
O	$\binom{5}{4} \cdot 0{,}1^4 \cdot 0{,}9 + 0{,}1^5$
U	$\binom{5}{2} \cdot 0{,}9^2 \cdot 0{,}1^3 + \binom{5}{3} \cdot 0{,}9^3 \cdot 0{,}1^2 + \binom{5}{4} \cdot 0{,}9^4 \cdot 0{,}1$
J.	$\binom{5}{2} \cdot 0{,}1^2 \cdot 0{,}9^3$
R	$0{,}9^5 + \binom{5}{1} \cdot 0{,}1 \cdot 0{,}9^4$
L	$5 \cdot 0{,}9^4 \cdot 0{,}1$
B	$1 - P(X = 5) = 1 - 0{,}9^5$
I	1

10. Zeigen Sie, dass für $n \in \mathbb{N}$ und $k \in \mathbb{N}_0$ und $0 \leqq k < n$ stets $\binom{n}{k} + \binom{n}{k+1} = \binom{n+1}{k+1}$ gilt.

11. In einer Urne sind zehn Kugeln. Von ihnen sind sechs rot und drei weiß; eine Kugel ist schwarz.

a) Der Urne werden nacheinander ohne Zurücklegen zwei Kugeln zufällig entnommen. Beschriften Sie zunächst das Baumdiagramm und ermitteln Sie dann die Wahrscheinlichkeiten der beiden Ereignisse
E_1: „Die gezogenen Kugeln haben verschiedene Farben" und
E_2: „Die zweite gezogene Kugel ist rot".

Baumdiagramm:

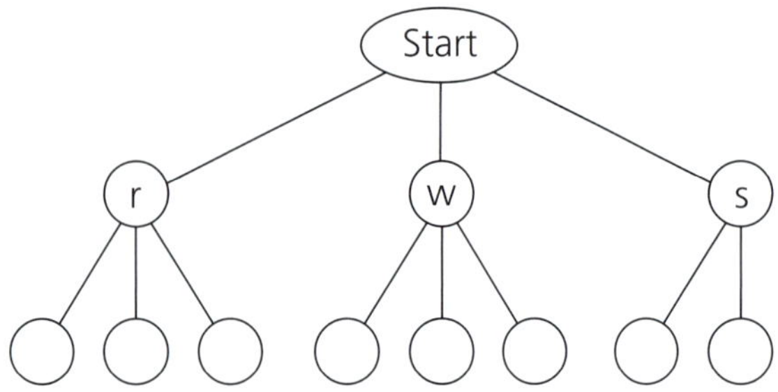

Rechnung:

b) Das gleichzeitige Ziehen (mit anschließendem Zurücklegen) von drei Kugeln wird zu einem Spiel genutzt. Der Einsatz beträgt 3 €. Für jede weiße Kugel unter den drei gezogenen Kugeln werden 2 € ausbezahlt. Die Zufallsgrößen X und Y beschreiben die Anzahl der gezogenen weißen Kugeln bzw. den „Gewinn" (in €).
Ermitteln Sie zunächst die Wahrscheinlichkeitsverteilungen der beiden Zufallsgrößen X und Y und untersuchen Sie dann, ob das Spiel fair ist.
Hinweis: Verwenden Sie die Formel $P(X = k) = \frac{\binom{S}{k} \cdot \binom{N-S}{n-k}}{\binom{N}{n}}$ mit

N = ____________, S = ____________, n = ____________ und k ∈ { ____________ }.

k	0	1	2	3
P(X = k)	$\frac{35}{120} \approx 29{,}2\,\%$			
„Gewinn" Y (in €)	−3			

Wahrscheinlichkeiten und Erwartungswert:

E(Y) =

12. In einer Urne sind genau zwei rote und drei blaue Kugeln sowie eine weiße Kugel. Aus dieser Urne werden nacheinander „blind" drei Kugeln ohne Zurücklegen entnommen.
Ermitteln Sie die Wahrscheinlichkeit, dass sich in der Urne nach Entnahme der drei Kugeln

a) noch genau eine Kugel von jeder Farbe befindet.

b) nur noch die drei blauen Kugeln befinden.

13. In einer Urne sind zehn Kugeln; jede von ihnen ist entweder schwarz oder weiß. Aus ihr werden mit einem Griff „blind" zwei Kugeln entnommen. Die Wahrscheinlichkeit, dass von ihnen genau eine weiß (und genau eine schwarz) ist, beträgt $\frac{16}{45}$.
Finden Sie mithilfe eines Baumdiagramms heraus, wie viele weiße Kugeln ursprünglich in der Urne waren.
Hinweis: Die Wahrscheinlichkeit für „Ziehen mit einem Griff" ist gleich der Wahrscheinlichkeit für „Ziehen nacheinander ohne Zurücklegen".

Baumdiagramm:

Rechnung:

14. In einer Urne befinden sich genau die sechs mit den Ziffern 1 bis 6 beschrifteten Kugeln ①②③④⑤⑥.

a) Aus der Urne wird eine Kugel „blind" entnommen und nach Notieren ihrer Nummer wieder zurückgelegt. Untersuchen Sie, ob die beiden Ereignisse
E_1: „Die gezogene Kugel trägt eine der Nummern von 1 bis 4" und
E_2: „Die gezogene Kugel trägt eine der Nummern von 3 bis 5"
stochastisch voneinander unabhängig sind.

b) Aus der Urne werden gleichzeitig zwei Kugeln „blind" entnommen. Die Zufallsgröße X gibt den Betrag der Differenz der Nummern auf diesen beiden Kugeln an.
Ergänzen Sie die Tabelle.

k	1	2	3	4	5
Kugeln	(①; ②); (②; ③); (③; ④); (④; ⑤); (⑤; ⑥)				
P(X = k)	$\frac{1}{3} \approx 33{,}3\%$				

Eine Zufallsgröße X heißt **binomial verteilt** mit den Parametern n und p, wenn sich die Wahrscheinlichkeit der Trefferanzahl wie bei einer Bernoulli-Kette der Länge n und der Trefferwahrscheinlichkeit p beschreiben lässt.
Die Wahrscheinlichkeitsverteilung $\mathbf{B(n;\ p;\ k) = P(X = k) = \binom{n}{k} \cdot p^k \cdot (1 - p)^{n-k}}$ für die Trefferanzahl X einer Bernoulli-Kette heißt **Binomialverteilung**.
Für den **Erwartungswert** gilt $\mathbf{E(X) = n \cdot p}$, für die **Varianz** $\mathbf{Var(X) = n \cdot p \cdot (1 - p)}$ und für die **Standardabweichung** $\mathbf{\sigma = \sqrt{n \cdot p \cdot (1 - p)}}$.

Besonders umfangreiche Rechnungen fallen oft dann an, wenn $P(X \leqq k)$, also die Wahrscheinlichkeit dafür, dass die Anzahl der Treffer **höchstens** k beträgt, gesucht ist.
Um $P(X \leqq k) = P(X = 0) + P(X = 1) + \ldots + P(X = k)$ zu ermitteln, verwendet man deshalb häufig Tabellen für die sogenannte **kumulierte Binomialverteilung F(n; p):** $k \mapsto P(X \leqq k) = F(n; p; k)$; $n \in \mathbb{N}$; $p \in [0; 1]$; $k \in \{0; 1; 2; \ldots ; n\}$.
Allgemein gilt:

- $\mathbf{P(X < k) = P(X \leqq k - 1) = F(n; p; k - 1)}$
- $\mathbf{P(X > k) = 1 - P(X \leqq k) = 1 - F(n; p; k)}$
- $\mathbf{P(k_1 < X \leqq k_2) = P(X \leqq k_2) - P(X \leqq k_1) = F(n; p; k_2) - F(n; p; k_1)}$

1. Rechnen mit Tabellen
X ist eine binomial verteilte Zufallsgröße mit den Parameterwerten n = 50 und p = 0,75. Ermitteln Sie die angegebenen Wahrscheinlichkeiten und ordnen Sie Ihre Ergebnisse den Ergebnissen in der rechten Spalte zu.

a)	$P(X = 38)$	V
b)	$P(X \leqq 38)$	
c)	$P(X < 38)$	
d)	$P(30 < X \leqq 38)$	
e)	$P(X < 39)$	
f)	$P(36 < X < 39)$	
g)	$P(X > 38)$	
h)	$P(30 \leqq X < 38)$	
i)	$P(30 \leqq X \leqq 38)$	
j)	$P(30 < X < 38)$	G

R	$F(50; 0,75; 37) \approx 0,48901 \approx 48,9\%$
U	$F(50; 0,75; 37) - F(50; 0,75; 29) \approx$ $\approx 0,48901 - 0,00626 = 0,48275 \approx 48,3\%$
L	$1 - F(50; 0,75; 38) \approx 1 - 0,61838 =$ $= 0,38162 \approx 38,2\%$
I	$B(50; 0,75; 37) + B(50; 0,75; 38) \approx$ $\approx 0,12605 + 0,12937 = 0,25542 \approx 25,5\%$ *oder* $F(50; 0,75; 38) - F(50; 0,75; 36) \approx$ $\approx 0,61838 - 0,36296 = 0,25542 \approx 25,5\%$
N	$F(50; 0,75; 38) - F(50; 0,75; 29) \approx$ $\approx 0,61838 - 0,00626 = 0,61212 \approx 61,2\%$
G	$F(50; 0,75; 37) - F(50; 0,75; 30) \approx$ $\approx 0,48901 - 0,01392 = 0,47509 \approx 47,5\%$
V	$B(50; 0,75; 38) \approx 0,12937 \approx 12,9\%$
T	$F(50; 0,75; 38) - F(50; 0,75; 30) \approx$ $\approx 0,61838 - 0,01392 = 0,60446 \approx 60,4\%$
E	$F(50; 0,75; 38) \approx 0,61838 \approx 61,8\%$

2. Es ist X eine binomial verteilte Zufallsgröße mit den Parameterwerten n und p. Ermitteln Sie jeweils mithilfe Ihrer Stochastiktabelle die kleinste Zahl $n \in \mathbb{N}$, für die die angegebene Ungleichung erfüllt ist.

a) $B(n; 0{,}1; 0) < 0{,}5$ b) $B(n; 0{,}9; 4) < 0{,}3$ c) $B(n; 0{,}8; 3) < 0{,}4$

d) $F(n; 0{,}6; 4) < 0{,}2$ e) $F(n; 0{,}4; 0) < 0{,}1$ f) $F(n; 0{,}7; 4) < 0{,}4$

3. a) Eine 2-€-(Laplace-)Münze wird 200-mal geworfen. Mit welcher Wahrscheinlichkeit liegt die Anzahl der geworfenen „Wappen" im Intervall
(1) [90; 110]? (2) [95; 105]? (3)]99; 101[?

b) Zu einer Schulveranstaltung sind 200 Personen eingeladen. Die Wahrscheinlichkeit, dass eine Einladung angenommen wird, beträgt 70%. Die Schule verfügt über eine Aula mit 155 Sitzplätzen. Mit welcher Wahrscheinlichkeit reichen diese Plätze aus?

c) Kathrin isst gerne Tiramisu. In ihrem italienischen Stammlokal *Da Mario* steht Tiramisu nur mit 75% Wahrscheinlichkeit auf der Karte. Mario verspricht Kathrin ein Gratisessen für zwei Personen, wenn sie bei den nächsten zwanzig Restaurantbesuchen nicht mindestens vierzehnmal Tiramisu bekommen kann. Mit welcher Wahrscheinlichkeit erhält Kathrin das Gratisessen?

d) Erfahrungsgemäß sind 4% einer Bevölkerungsgruppe farbenblind. Mit welcher Wahrscheinlichkeit sind unter 200 zufällig aus dieser Gruppe ausgewählten Personen
(1) genau sieben (2) mehr als sieben (3) höchstens sieben farbenblind?

4. Es ist jeweils X eine mit den Parametern n und p binomial verteilte Zufallsgröße. Geben Sie die zugehörige Wahrscheinlichkeitsverteilung in Tabellenform an und berechnen Sie den Erwartungswert und die Standardabweichung.

a) $n = 5;\ p = 0{,}4$

x	0	1	2	3	4	5
P(X = x)						

$E(X) = \mu =$ ____________________

$\sigma =$ ____________________

b) $n = 5;\ p = 0{,}5$

x	0	1	2	3	4	5
P(X = x)						

$E(X) = \mu =$ ____________________

$\sigma =$ ____________________

c) $n = 5;\ p = 0{,}6$

x	0	1	2	3	4	5
P(X = x)						

$E(X) = \mu =$ ______________________________

$\sigma =$ ______________________________

Die Abbildungen zeigen Histogramme dieser drei Wahrscheinlichkeitsverteilungen. Ordnen Sie Histogramme und Wahrscheinlichkeitsverteilungen einander zu und tragen Sie die Erwartungswerte in die Histogramme ein.

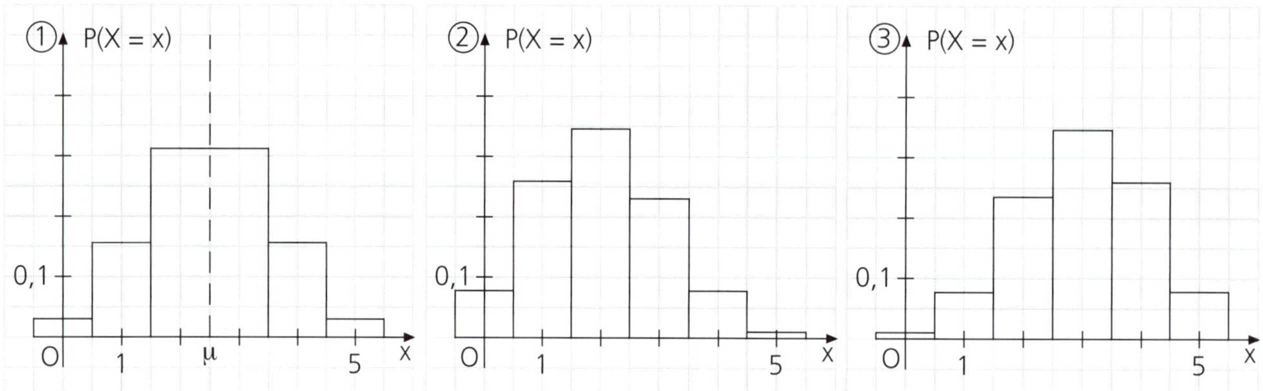

ABI 5. Beim Spiel „Schatzsuche" muss ein Kandidat abgesperrte Truhen öffnen. Bei jeder Truhe stehen dafür 6 sehr ähnliche, aber dennoch verschiedene Schlüssel zur Auswahl, von denen 4 nicht zum Schloss passen. Mit jedem einzelnen der beiden anderen Schlüssel lässt sich das Schloss entriegeln. Pro Truhe darf der Kandidat 2 verschiedene Schlüssel ausprobieren, die er zufällig auswählt.

a) Bestätigen Sie mithilfe eines Baumdiagramms, dass bei jeder der Truhen die Wahrscheinlichkeit für das Öffnen 60% beträgt.

b) Wie viele Truhen müssen in diesem Spiel mindestens zur Verfügung gestellt werden, damit mit einer Wahrscheinlichkeit von mehr als 99,9% wenigstens eine Truhe geöffnet wird?

c) Bestimmen Sie die Wahrscheinlichkeiten folgender Ereignisse:
A: „Von 15 Truhen werden genau 7 geöffnet"
B: „Von 15 Truhen werden mehr als 10 geöffnet".

ABI 6. In einem Theater gibt es insgesamt 1 000 Plätze; 600 davon entfallen auf die Kategorie „Parkett", 250 auf die Kategorie „1. Rang" und 150 auf die Kategorie „2. Rang". In der heutigen Vorstellung ist jeder Platz belegt.
Es werden zufällig zwei der 1 000 Besucher ausgewählt und die beiden folgenden Ereignisse A und B betrachtet:
A: „Die beiden Besucher haben Karten im 1. Rang"
B: „Die beiden Besucher haben Karten derselben Kategorie".

a) Ermitteln Sie die Wahrscheinlichkeit P(A) des Ereignisses A.
[*Ergebnis*: $P(A) \approx 6{,}23\%$]

b) Berechnen Sie für den in Teilaufgabe a) ermittelten Wert P(A) einen Näherungswert, indem Sie die Auswahl der beiden Zuschauer als Ziehen mit Zurücklegen betrachten. Erklären Sie, warum die Abweichung vom exakten Wert sehr gering ist.

In Teilaufgabe c) soll deshalb von „Ziehen mit Zurücklegen" ausgegangen werden.

c) Berechnen Sie P(B) und begründen Sie, dass die Ereignisse A und B voneinander stochastisch abhängig sind.

ABI 7. Der Konzern „Electronix" stellt Mikrochips in Massenproduktion her. Jeder von ihm hergestellte Chip ist mit einer Wahrscheinlichkeit von 15% fehlerhaft.

a) Mit welcher Wahrscheinlichkeit sind von 100 Chips genau 15 fehlerhaft?

b) Bestimmen Sie mithilfe des Tabellenwerks das kleinstmögliche Intervall mit dem Mittelpunkt 15, in dem bei insgesamt 100 Chips die Anzahl der fehlerhaften Chips mit einer Wahrscheinlichkeit von mindestens 85% liegt.

c) Wie viele Chips müssen der Produktion mindestens entnommen werden, damit mit einer Wahrscheinlichkeit von mehr als 99% wenigstens ein fehlerhafter Chip dabei ist?

d) Zur Aussonderung fehlerhafter Chips wird ein Prüfgerät eingesetzt, von dem Folgendes bekannt ist: Unter allen geprüften Chips beträgt der Anteil der Chips, die einwandfrei sind und dennoch ausgesondert werden, 3%. Insgesamt werden 83% aller Chips nicht ausgesondert.
Bestimmen Sie die Wahrscheinlichkeit dafür, dass ein Chip fehlerhaft ist und ausgesondert wird. Welcher Anteil der fehlerhaften Chips wird demnach ausgesondert?

ABI 8. Im Lande Ökologistan gilt laut Statistik für die Verteilung der Haushaltsgrößen:

Anzahl der Personen pro Haushalt	1	2	3	4	5
Anteil der Haushalte (in %)	10	40	25	15	10

a) Berechnen Sie die durchschnittliche Haushaltsgröße und bestimmen Sie die Einwohneranzahl von Ökologistan unter der Voraussetzung, dass die Gesamtanzahl der Haushalte 2 Millionen beträgt.

b) Fünf Haushalte werden zufällig ausgewählt.
(1) Erklären Sie, welche Bedeutung in diesem Zusammenhang der Term $\binom{5}{2} \cdot 0{,}25^2 \cdot 0{,}75^3$ hat.
(2) Berechnen Sie die Wahrscheinlichkeit, dass mindestens einer davon ein Zwei-Personen-Haushalt ist.

c) Für eine Befragung durch ein Marktforschungsinstitut werden 100 Haushalte zufällig ausgewählt.
(1) Bestimmen Sie die Wahrscheinlichkeit, dass dabei
– mehr als 40 Zwei-Personen-Haushalte ausgewählt werden.
– mehr als 34, aber höchstens 55 Zwei-Personen-Haushalte ausgewählt werden.
(2) Aus Erfahrung weiß das Institut, dass nur in 75% der ausgewählten Haushalte jemand zur Befragung angetroffen wird. Bestimmen Sie die Wahrscheinlichkeit, dass in mehr als 80 Haushalten eine Person zur Befragung angetroffen wird.

ABI 9. Das Fahrradfachgeschäft „Flotte Speiche" führt in seinem Angebot ausschließlich die Fahrradtypen Citybike, Mountainbike, Trekkingbike und Rennrad. Aus Erfahrung weiß der Besitzer, dass sich unter den Kaufinteressenten 40% über ein Citybike, 35% über ein Mountainbike, 2% über ein Rennrad und die restlichen über ein Trekkingbike informieren. Dabei informiert sich jeder Interessent nur über genau einen Fahrradtyp.

a) Berechnen Sie die Wahrscheinlichkeiten folgender Ereignisse:
A: „Von zwei aufeinander folgenden Interessenten informiert sich der erste über ein Mountainbike und der zweite über ein Citybike"
B: „Von 20 Interessenten informieren sich mindestens acht über ein Citybike"
C: „Von 20 aufeinander folgenden Interessenten informiert sich erstmals der siebte über ein Trekkingbike".

b) Berechnen Sie, mindestens wie viele Kaufinteressenten sich informieren müssen, damit die Wahrscheinlichkeit dafür, dass sich wenigstens eine Person über ein Rennrad informiert, mehr als 90% beträgt.

Die zu beurteilende Hypothese heißt **Nullhypothese H_0**. Mithilfe statistischer Tests wird entschieden, ob diese Hypothese abzulehnen („zu verwerfen") oder anzunehmen ist.
Die Wahrscheinlichkeit dafür, dass man dabei eine *in Wirklichkeit wahre* Nullhypothese irrtümlich als falsch ablehnt, also einen sogenannten **Fehler 1. Art** begeht, nennt man **Irrtumswahrscheinlichkeit 1. Art**; ihr höchstzulässiger Wert α wird meist vor Beginn des Tests festgelegt und als **Signifikanzniveau** bezeichnet.
Statistische Verfahren ermöglichen es, diejenigen Werte der Zufallsgröße X zu ermitteln, für die die Nullhypothese abgelehnt werden soll. Die Menge dieser Werte aus der Wertemenge der Zufallsgröße X heißt **Ablehnungsbereich $\overline{A}$**; die Menge der übrigen Werte der Zufallsgröße X bildet den **Annahmebereich A**. Annahmebereich A und Ablehnungsbereich $\overline{A}$ werden durch den sogenannten **kritischen Wert** getrennt.
Liegt das Ergebnis eines Zufallsversuchs im Ablehnungsbereich, so hält man die Nullhypothese H_0 für falsch; liegt es im Annahmebereich, so hält man sie für wahr. Bei dieser Entscheidung können zweierlei **Fehler** auftreten:

	Stichprobenergebnis liegt im Annahmebereich	Stichprobenergebnis liegt im Ablehnungsbereich
Hypothese ist in Wirklichkeit wahr	Entscheidung, H_0 anzunehmen, ist richtig	Entscheidung, H_0 zu verwerfen, ist falsch: **Fehler 1. Art** *oder* α-Fehler
Hypothese ist in Wirklichkeit falsch	Entscheidung, H_0 anzunehmen, ist falsch: **Fehler 2. Art** *oder* β-Fehler	Entscheidung, H_0 zu verwerfen, ist richtig

Ein statistischer Test, bei dem auf Stichprobenbasis über die Annahme oder Ablehnung einer Nullhypothese entschieden wird, heißt **Signifikanztest**.
Bei einem Signifikanztest wählt man diejenige Hypothese als Nullhypothese, bei der der Fehler 1. Art von größerer Bedeutung ist als der Fehler 2. Art.

1. In der Mensa einer Schule werden vier subventionierte Menüs zu unterschiedlichen Preisen angeboten. Erfahrungsgemäß wählen von den Schülern und Schülerinnen 50% Menü 1, 25% Menü 2 und 20% Menü 3; die übrigen Schüler/Schülerinnen wählen Menü 4. Die Schüler/Schülerinnen wählen ihr Menü unabhängig voneinander aus.

Menü 1 (1,50 €) Erbsensuppe mit Würstchen
Menü 2 (2,50 €) Pizza mit Salat
Menü 3 (2,80 €) Reisauflauf mit Apfelmus
Menu 4 (3,00 €) Schnitzel mit Püree und Salat

a) Mit welcher Wahrscheinlichkeit wählen Lena, Martin, Nina und Oliver
(1) das gleiche Menü?
(2) vier verschiedene Menüs?

b) Am ersten Schultag nach den Ferien meint eine Küchenhilfe, dass das Menü 3 besonders gefragt sei. Der Küchenchef beschließt, die Entwicklung zu beobachten und Menü 3 erst dann nachzukochen, wenn von den nächsten 50 Schülern/Schülerinnen mehr als 15 das Menü 3 verlangen.
Mit welcher Wahrscheinlichkeit wird die Nullhypothese H_0: „Menü 3 wird nicht häufiger verlangt als bisher" abgelehnt?
Geben Sie eine praktische Interpretation dieser Entscheidung an.

ABI 2. Der Mittelstürmer Lothar des FCL behauptet, dass er einen Elfmeter mit einer Wahrscheinlichkeit von mehr als 75% verwandelt.

a) Der Trainer des FCL akzeptiert diese Behauptung, wenn Lothar von 30 Elfmetern mindestens 24 verwandelt. Mit welcher Wahrscheinlichkeit wird die Trefferquote irrtümlich für höher als 75% gehalten?

b) Die Nullhypothese H_0: $p \leqq 0{,}75$ soll auf einem Signifikanzniveau von 5% bei einem Stichprobenumfang von 30 Elfmetern getestet werden. Finden Sie eine Entscheidungsregel.

c) Geben Sie an, wie sich die in Teilaufgabe a) ermittelte Irrtumswahrscheinlichkeit tendenziell ändern würde, wenn man den Stichprobenumfang von 30 auf 50 und die Mindesttrefferanzahl entsprechend von 24 auf 40 vergrößern würde.

ABI 3. Euro-Münzen werden in Deutschland von fünf verschiedenen Prägestellen hergestellt. Der Prägeort wird durch einen Kennbuchstaben auf der Münze angegeben (Zuordnung siehe Diagramm).
Für die sich in Deutschland im Umlauf befindenden 2-Euro-Münzen werden unter Einbeziehung ausländischer Münzen folgende Anteile angenommen:

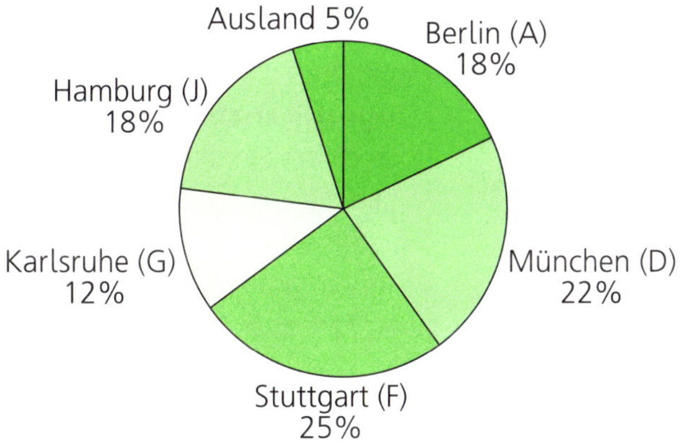

Man geht von einer guten Durchmischung der Euro-Münzen in Deutschland aus.

(1) Dieter bewahrt fünf verschiedene deutsche 2-Euro-Münzen und sechs verschiedene ausländische 2-Euro-Münzen in einem Kästchen auf.

a) Er greift blind in das Kästchen und hat fünf Münzen in der Hand. Mit welcher Wahrscheinlichkeit sind darunter genau zwei deutsche 2-Euro-Münzen?

b) Er legt nun alle elf verschiedenen Münzen nebeneinander auf den Tisch. Auf wie viele verschiedene Arten kann er sie anordnen, wenn die fünf deutschen 2-Euro-Münzen nebeneinander liegen sollen?

(2) Ein Münzhändler behauptet, dass eine große Urne, die mit sehr vielen 1-Cent-Münzen gefüllt ist, mindestens 10% finnische 1-Cent-Münzen enthält. Diese haben als einzige Münzen in der Urne Sammlerwert.

a) Dieter zahlt 15 € und darf dafür 20 Münzen aus der Urne ziehen. Mit welcher Wahrscheinlichkeit geht das Geschäft für Dieter günstig aus, falls genau 10% finnische 1-Cent-Münzen in der Urne sind und Dieter einen Sammlerwert von 6 € für eine solche Münze ansetzt?

b) Dieter äußert Skepsis gegenüber der Behauptung des Münzhändlers. Dieser bietet Dieter an, die Hypothese, dass mindestens 10% finnische 1-Cent-Münzen in der Urne sind, mithilfe einer Stichprobe vom Umfang 200 zu testen. Bestimmen Sie die Entscheidungsregel, wenn die Wahrscheinlichkeit dafür, dass die Hypothese irrtümlich abgelehnt wird, höchstens 5% sein soll.

ABI 4. Ein Funktionär eines großen Fußballvereins behauptet, dass seit der Fußball-WM im eigenen Land die Fußballbegeisterung in der Stadt M. angestiegen sei und dass mindestens 80% der Einwohner dieser Stadt für den Ausbau des Stadions seien. Um dies zu testen, befragen Schüler eines Gymnasiums in der Halbzeitpause eines Spiels 100 zufällig ausgewählte Zuschauer. Wie muss die Entscheidungsregel mit einem möglichst großen Ablehnungsbereich lauten, wenn die Schüler die Hypothese des Fußballfunktionärs mit einer Wahrscheinlichkeit von höchstens 10% irrtümlich ablehnen wollen? Bewerten Sie den von den Schülern durchgeführten Test hinsichtlich seiner Eignung, die Hypothese des Fußballfunktionärs zu überprüfen.

ABI 5. Die neue Limonade „BioFrucht" ist gerade dabei, den Markt der alkoholfreien Getränke zu erobern. Sie wird in vier Sorten hergestellt: Apfel (A), Brombeere (B), Citro (C) und Dattel (D).

(1) Der Hersteller von BioFrucht hält eine Werbekampagne für unnötig, weil er vermutet, dass der Bekanntheitsgrad p seiner Limonade ohnehin schon mindestens 40% beträgt. Um dies zu überprüfen, werden 200 zufällig ausgewählte Personen befragt. Der Hersteller will von seiner Hypothese $p \geqq 0{,}4$ abrücken und eine Werbekampagne mit kostenlosen Getränkeproben starten, wenn bei der Umfrage weniger als 70 Personen angeben, BioFrucht zu kennen.

a) Wie groß ist die Wahrscheinlichkeit dafür, dass keine Getränkeproben verteilt werden, obwohl der Bekanntheitsgrad von BioFrucht tatsächlich nur 30% beträgt?

b) Bestimmen Sie die maximale Wahrscheinlichkeit dafür, dass der Hersteller unnötigerweise Getränkeproben verteilt.

(2) Um den Beliebtheitsgrad der einzelnen Sorten herauszufinden, wurde eine landesweite Befragung durchgeführt. Dabei erhielt man unter denjenigen der befragten Personen, die eine Lieblingssorte angeben konnten, folgendes Ergebnis:

Lieblingssorte	A	B	C	D
Häufigkeit der Nennung	12%	18%	28%	42%

a) 204 Personen gaben als Lieblingssorte Apfel an. Wie viele Personen nannten Dattel als Lieblingssorte?

b) Im Folgenden werden nur diejenigen der befragten Personen betrachtet, die eine Lieblingssorte angegeben haben. Unterscheidet man diese Personen nach ihrem Geschlecht, so ergibt sich folgendes Bild:
10% sind weiblich und haben Dattel als Lieblingssorte.
25% sind männlich und haben eine andere Lieblingssorte als Dattel.

Untersuchen Sie die beiden Ereignisse „Eine zufällig ausgewählte Person hat die Lieblingssorte Dattel" und „Eine zufällig ausgewählte Person ist männlich" auf stochastische Unabhängigkeit.

ABI 6. Ein Gesangsverein hat 30 weibliche und 20 männliche Mitglieder. Die Anzahl der Anwesenden bei der wöchentlichen Chorprobe schwankt von Mal zu Mal. Um diese Schwankung durch ein Modell zu beschreiben, soll davon ausgegangen werden, dass die Mitglieder unabhängig voneinander und jeweils mit einer Wahrscheinlichkeit von 85% an einer Probe teilnehmen.

(1) **a)** Wie groß ist die Wahrscheinlichkeit dafür, dass bei einer Chorpobe mindestens 40 Mitglieder anwesend sind?

b) Mit welcher Wahrscheinlichkeit fehlen bei einer Chorprobe sechs Sängerinnen und vier Sänger?

c) Für die nächste Chorprobe haben sich fünf Mitglieder entschuldigt. Mit welcher Wahrscheinlichkeit fehlt bei dieser Probe höchstens noch ein weiteres Chormitglied?

d) Mit welcher Wahrscheinlichkeit fehlt bei einer Chorprobe von den Sängerinnen Sandra und Simone entweder die eine oder die andere?

e) Wie viele Chorproben müssen mindestens stattfinden, damit mit einer Wahrscheinlichkeit von mehr als 99% wenigstens einmal alle fünf Tenöre des Vereins gemeinsam anzutreffen sind?

(2) Der Chorleiter vermutet, dass die Anwesenheitsquote unter 85% gefallen ist. Um diese Vermutung zu überprüfen, soll die Nullhypothese H_0: $p \geqq 0{,}85$ auf dem Signifikanzniveau von 5% getestet werden. Dazu wird bei vier Chorproben jeweils die Anzahl der Anwesenden festgestellt. Die Entscheidung soll aufgrund der Summe dieser vier Zahlen getroffen werden. Bestimmen Sie die Entscheidungsregel.

(3) Die beiden anfangs genannten und bisher verwendeten Modellannahmen für das Vorliegen einer Bernoulli-Kette können in der Realität unzutreffend sein.
Erläutern Sie dies anhand je eines konkreten Beispiels.

(4) Von den 20 Männern des Vereins sind fünf Tenöre, acht Baritone und sieben Bässe. Bei einer Veranstaltung singen ein Tenor, zwei Baritone und zwei Bässe in einem Quintett.

a) Wie viele verschiedene Zusammenstellungen des Quintetts aus den Sängern des Vereins sind hierfür möglich?

b) Nach ihrem Auftritt stellen sich die fünf Sänger nebeneinander auf und verbeugen sich. Wie viele Möglichkeiten der Anordnung gibt es dafür, wenn die beiden Bässe nebeneinander stehen wollen?

1. Untersuchen Sie bei jeder der 16 Aussagen, ob sie wahr ist. Kreuzen Sie passend an.

	Aussage	wahr	falsch
a)	Jedes Bernoulli-Experiment hat genau zwei Ergebnisse.		
b)	Jede Bernoulli-Kette ist eine Serie von lauter gleichen Bernoulli-Experimenten.		
c)	Der Parameter p jeder Bernoulli-Kette ist eine Wahrscheinlichkeit.		
d)	Ziehen ohne Zurücklegen führt stets auf unabhängige Ereignisse.		
e)	$P(X > k) = 1 - P(X < k)$; $k \in \mathbb{N}$; $X \in \mathbb{N}_0$		
f)	$P(X > k) = 1 - P(X \leqq k)$; $k \in \mathbb{N}_0$; $X \in \mathbb{N}_0$		
g)	Jedes Laplace-Experiment lässt sich durch ein Urnenmodell veranschaulichen.		
h)	Bei einem Laplace-Experiment hat stets jedes Elementarereignis die gleiche Wahrscheinlichkeit.		
i)	Jede nach B(n; p) verteilte Zufallsgröße nimmt genau n verschiedene Werte an.		
j)	Die Histogramme binomial verteilter Zufallsgrößen sind stets symmetrisch.		
k)	$P(X \geqq k) = 1 - P(X \leqq k - 1)$; $k \in \mathbb{N}$; $X \in \mathbb{N}_0$		
l)	$P(X = k) = P(X \leqq k) - P(X \leqq k - 1)$; $k \in \mathbb{N}$; $X \in \mathbb{N}_0$		
m)	$\binom{n}{k} = \binom{n}{n-k}$; $n \in \mathbb{N}$; $k \in \{0; 1; 2; \ldots; n\}$		
n)	$0! = 1!$		
o)	Jede Binomialverteilung ist eine Funktion; sie wird oft in Tabellenform angegeben.		
p)	Wenn zwei Binomialverteilungen den gleichen Erwartungswert besitzen, haben stets auch ihre Standardabweichungen den gleichen Wert.		

2. Untersuchen Sie bei jeder der 16 Aussagen, ob sie wahr ist. Kreuzen Sie passend an und stellen Sie falsche Aussagen richtig.

	Aussage	wahr	falsch
a)	Wenn eine Urne genau neun von 1 bis 9 nummerierte Kugeln enthält, zieht man mit einer Wahrscheinlichkeit von etwa 44% als erste Kugel eine Kugel mit „Primzahlnummer".		
b)	Wenn Nina aus einer Lostrommel mit 10 Losen (unter ihnen sind vier Gewinnlose) drei Lose zieht, zieht sie mit 50% Wahrscheinlichkeit genau ein Gewinnlos.		
c)	$\binom{12}{12} - \binom{12}{1} = 11$		
d)	Man kann aus 18 Schülern auf 153 Arten zwei Schüler auswählen.		
e)	Man muss einen Laplace-Spielwürfel mindestens viermal werfen, um mit einer Wahrscheinlichkeit von mindestens 50% mindestens eine Sechs zu werfen.		
f)	Wenn Andrea zwei Laplace-Spielwürfel viermal wirft, erhält sie mit einer Wahrscheinlichkeit von etwa 11% mindestens einen „Sechserpasch" (d. h. eine Doppelsechs).		
g)	Wenn Philipp aus einer Lostrommel mit 250 Losen (unter ihnen sind 100 Gewinnlose, davon ein Hauptgewinn) ein Gewinnlos zieht, dann ist es mit einer Wahrscheinlichkeit von 2% der Hauptgewinn.		
h)	Es gibt genau vier verschiedene Produkte von je zwei ganzen Zahlen, die den Produktwert 30 haben und bei denen der erste Faktor kleiner als der zweite ist.		
i)	Die Wahrscheinlichkeit, dass eine zufällig ausgewählte dreistellige natürliche Zahl gerade und größer als 399 ist, ist $\frac{1}{3}$.		
j)	Wenn Markus mit einem Griff drei Kugeln aus einer Urne mit genau sechs roten und vier blauen Kugeln zieht, ist mit einer Wahrscheinlichkeit von $\frac{5}{6}$ unter diesen drei Kugeln mindestens eine blaue.		
k)	Wenn man in einer Stadt, in der 95% aller Haushalte (mindestens) einen Kühlschrank besitzen, einhundert Haushalte zufällig auswählt, ist die Wahrscheinlichkeit des Ereignisses E: „In mindestens 88 und höchstens 98 der ausgewählten Haushalte ist (mindestens) ein Kühlschrank vorhanden" etwa 93%.		
l)	Das Maximum einer Binomialverteilung liegt stets in der Nähe des Erwartungswerts.		
m)	Sowohl der Erwartungswert wie auch die Varianz und die Standardabweichung sind stets positive Zahlen.		
n)	Der Fehler, den man begeht, wenn man eine wahre Hypothese verwirft, heißt Fehler 1. Art (oder α-Fehler).		
o)	Die vorgegebene obere Schranke für die Irrtumswahrscheinlichkeit 1. Art nennt man Signifikanzniveau.		
p)	Die Wahrscheinlichkeit, dass nicht alle Ticketbesitzer, die die Reise wirklich antreten wollen (da erfahrungsgemäß 10% der gebuchten Flüge nicht angetreten werden, gehen die Fluggesellschaften immer mehr dazu über, Flüge mit etwa 10% zu überbuchen), mit einem Flugzeug mit 185 Plätzen, für die 200 Tickets verkauft wurden, befördert werden können, beträgt etwa 9,3%.		

ABI 3. (1) Anlässlich einer Studie wurden 2 000 Jugendliche im Alter von 18 Jahren zu ihren Ernährungsgewohnheiten befragt. Von den Befragten gaben 740 an, am Morgen nicht zu frühstücken. Von diesen 740 „Nichtfrühstückern" waren 420 berufstätig. Unter den 1 260 „Frühstückern" waren 800 nicht berufstätig. Aus den Befragten wird eine Person zufällig ausgewählt. Untersuchen Sie, ob die Ereignisse F: „Die Person frühstückt am Morgen" und B:" Die Person ist berufstätig" voneinander stochastisch abhängig sind.

Das Unternehmen „Müsli-4-U" bietet über das Internet individuell zusammenstellbare Müslipackungen an. Für die Zusammenstellung kann aus 2 Basismischungen sowie aus 9 Frucht-, 4 Nuss- und 3 Getreidezusätzen gewählt werden.

(2) Wie viele verschiedene Müslipackungen können zusammengestellt werden, wenn jede genau eine Basismischung und genau 4 verschiedene Zusätze enthalten soll?

(3) Im Rahmen einer Aktion „Gesundes Frühstück" konnte „Müsli-4-U" an einem Gymnasium als Kooperationspartner gewonnen werden. Der Kooperationspartner liefert jeder Klasse täglich eine Gratis-Packung Müsli, das aus genau einer Basismischung und genau 2 Zusätzen zusammengestellt wird. Die beiden Zusätze stammen dabei jeweils aus zwei verschiedenen der Bereiche „Früchte", „Nüsse" beziehungsweise „Getreide".

a) Bestätigen Sie durch Rechnung, dass es 150 verschiedene Möglichkeiten gibt, eine solche Gratis-Packung zusammenzustellen.

Im Folgenden wird angenommen, dass jede dieser 150 Möglichkeiten gleich wahrscheinlich ist und die Lieferung der einzelnen Packungen unabhängig voneinander erfolgt.

b) Es gibt Schüler, die aufgrund einer Allergie keine Nüsse essen dürfen. Berechnen Sie die Wahrscheinlichkeit dafür, dass eine Gratis-Packung keinen Nusszusatz enthält.
[*Ergebnis*: 36%]

c) Berechnen Sie die Wahrscheinlichkeit dafür, dass in der Klasse 8a an mindestens 4 von 5 Tagen einer Schulwoche die gelieferte Gratis-Packung keinen Nusszusatz enthält.

d) Formulieren Sie ein zum Sachzusammenhang der Teilaufgabe (3) c) passendes Ereignis D, das die Wahrscheinlichkeit $P(D) = 0{,}36^2 \cdot \binom{3}{2} \cdot 0{,}36^2 \cdot 0{,}64$ besitzt.

e) Wie viele Gratis-Packungen müssen mindestens zusammengestellt werden, damit mit mehr als 99% Wahrscheinlichkeit mindestens eine Packung ohne Nusszusatz dabei ist?

f) Das Unternehmen „Müsli-4-U" möchte bei seinen Produkten den Geschmack von Jugendlichen stärker berücksichtigen. Es vermutet, dass mindestens 50% der Jugendlichen ein Müsli ohne Nusszusatz bevorzugen. Um diese Vermutung zu testen, werden 100 zufällig ausgewählte Jugendliche befragt. Wie muss die Entscheidungsregel mit einem möglichst großen Ablehnungsbereich lauten, wenn die Vermutung des Unternehmens mit einer Wahrscheinlichkeit von höchstens 10% irrtümlicherweise verworfen werden soll?

(4) Den über das Internet bei „Müsli-4-U" bestellten Müslipackungen wird jeweils mit der Wahrscheinlichkeit p ein Gutschein beigelegt.

a) Zeigen Sie:
Die Wahrscheinlichkeit dafür, dass sich in genau 4 von 6 über das Internet bestellten Packungen jeweils ein Gutschein befindet, kann durch eine Funktion f mit dem Term $f(p) = 15(p^6 - 2p^5 + p^4)$; $p \in [0;\, 1]$, beschrieben werden.

b) Bestimmen Sie die Nullstellen der ersten Ableitung der Funktion f aus Teilaufgabe (4) a). Interpretieren Sie jede dieser Nullstellen im Anwendungszusammenhang.

ABI 4. In den Jahren 2005, 2006 und 2007 wurde jeweils eine repräsentative Umfrage unter 2 000 Menschen in Deutschland zum Thema „Rauchverbot in Restaurants" durchgeführt. Im Jahr 2007 haben dabei 67,0% ein Rauchverbot befürwortet.

a) Die Anzahl der Befürworter des Rauchverbots unter den Befragten ist im Jahr 2007 im Vergleich zum Jahr 2006 um 160 Personen, im Vergleich zum Jahr 2005 um 280 Personen größer. Berechnen Sie den prozentualen Anteil der Befürworter des Rauchverbots in den Jahren 2005 und 2006.

b) Aus den Befragten das Jahres 2007 wird eine Person zufällig ausgewählt. Dabei werden die Ereignisse B: „Die Person befürwortet ein Rauchverbot in Restaurants" und R: „Die Person ist Raucher" betrachtet (vgl. auch nebenstehendes Baumdiagramm).

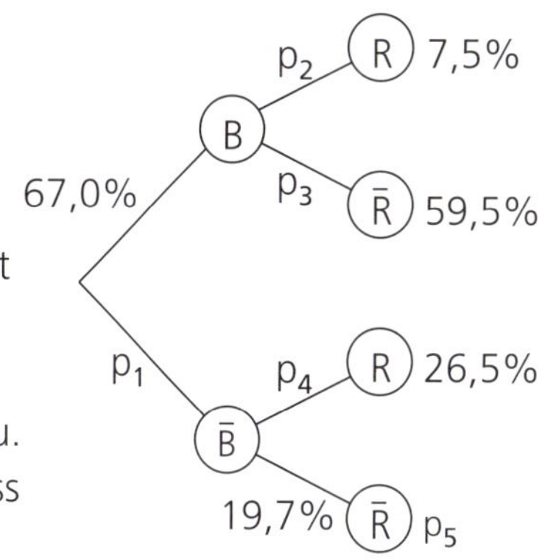

(1) Beschreiben Sie das Ereignis in Worten, dessen Wahrscheinlichkeit im Baumdiagramm mit 7,5% angegeben ist.

(2) Berechnen Sie die Wahrscheinlichkeiten p_1, p_2, p_3, p_4 und p_5 aus dem Baumdiagramm in Prozent auf eine Nachkommastelle genau.

(3) Begründen Sie mithilfe entsprechender Wahrscheinlichkeiten, dass die Ereignisse B und R voneinander stochastisch abhängig sind.

(4) Bei welcher der folgenden Zahlen kann es sich um die Anzahl der Raucher unter den befragten Personen handeln? Begründen Sie Ihre Antwort.

150 530 680 1 340

(5) Wie viel Prozent der Raucher haben das Rauchverbot befürwortet?

c) Im Folgenden wird davon ausgegangen, dass in der Bevölkerung 67% das Rauchverbot in Restaurants befürworten.

(1) Wie groß ist die Wahrscheinlichkeit dafür, dass sich unter 12 zufällig ausgewählten Personen höchstens 10 Befürworter befinden?

(2) Wie viele Personen müssen mindestens zufällig ausgewählt werden, damit sich mit einer Wahrscheinlichkeit von mehr als 99% wenigstens ein Befürworter darunter befindet?

d) Es wird angezweifelt, dass der Anteil der Befürworter des Rauchverbots derzeit noch 67% beträgt. Vielmehr wird vermutet, dass der Prozentsatz gegenwärtig höchstens bei 60% liegt. Um diese Vermutung zu „widerlegen", wird eine Befragung von 100 zufällig ausgewählten Personen durchgeführt.

Wie muss die Entscheidungsregel mit einem möglichst großen Ablehnungsbereich lauten, wenn die Vermutung mit einer Wahrscheinlichkeit von höchstens 5% irrtümlich abgelehnt werden soll?

e) Die SMV eines Gymnasiums möchte den Anteil der Raucherinnen unter den Schülerinnen der Mittelstufe an der eigenen Schule ermitteln. Sie führt deshalb eine Befragung durch. Dabei wird die sogenannte Dunkelfeldmethode verwendet, die durch eine Anonymisierung der Daten ehrliche Antworten gewährleisten soll.

Bei dieser Methode zieht die Befragte zufällig eine der drei abgebildeten, verdeckten Karten und beantwortet die Frage wahrheitsgemäß mit „Ja" oder „Nein". Der Interviewer notiert diese Antwort, ohne zu wissen, welche Karte jeweils gezogen wurde.

Von 357 auf diese Weise befragten Mädchen haben 138 mit „Ja" geantwortet. Bestimmen Sie den Schätzwert für den Anteil der Raucherinnen unter den Schülerinnen, der sich aus diesen Angaben herleiten lässt.

ABI 5. Die Klasse 7a eines Gymnasiums fährt ins Skilager. Alle 11 Jungen und alle 18 Mädchen der Klasse nehmen an dem einwöchigen Skikurs teil.

(1) In der Unterkunft stehen für die 18 Mädchen der Klasse ein Sechsbett-, ein Fünfbett-, ein Vierbett- und ein Dreibettzimmer zur Verfügung. Wie viele verschiedene Möglichkeiten gibt es, die Mädchen auf diese vier Zimmer zu verteilen?

(2) Am Ankunftstag müssen die Schülerinnen und Schüler ihren „Pistenführerschein" in Form eines Multiple-Choice-Tests machen. Zu jeder der 10 vorgelegten Fragen gibt es gleich viele Antwortmöglichkeiten, von denen jeweils genau eine richtig ist; pro Frage ist genau eine der Antwortmöglichkeiten anzukreuzen. Der Test gilt als bestanden, wenn mehr als die Hälfte der Fragen korrekt beantwortet wurde.
Christoph wählt bei jeder Frage genau eine der Antwortmöglichkeiten rein zufällig aus und kreuzt diese an. Betrachtet wird das Ereignis A: „Christoph besteht den Pistenführerschein".

a) Berechnen Sie P(A) für den Fall, dass bei jeder Frage 3 Antwortmöglichkeiten vorgegeben sind.

b) Wie viele Antwortmöglichkeiten je Frage müssen mindestens vorgegeben werden, damit P(A) unter 1% liegt? Begründen Sie Ihre Antwort mit geeigneten Werten aus dem stochastischen Tafelwerk.

(3) Erfahrungsgemäß beträgt das Risiko, sich während eines einwöchigen Skikurses zu verletzen, für einen Jungen 5% und für ein Mädchen 2%.

a) Mit welcher Wahrscheinlichkeit verletzen sich innerhalb der Kurswoche genau 2 der 11 Jungen?

b) Berechnen Sie die Wahrscheinlichkeit, dass sich innerhalb der Kurswoche niemand aus der Klasse 7a verletzt.

c) Wie groß ist die Wahrscheinlichkeit, dass sich innerhalb der Kurswoche höchstens ein Mitglied der Klasse 7a verletzt?

(4) „Alkohol auf der Piste" erhöht bekanntlich das Verletzungsrisiko. Nach einer groß angelegten Aufklärungskampagne vermutet die ortsansässige Bergwacht, dass im Skigebiet der Anteil p aller Erwachsenen, die auf Alkoholkonsum beim Wintersport verzichten, mindestens 80% beträgt. Die Bergwacht will die Nullhypothese H_0: $p \geqq 0{,}8$ auf dem Signifikanzniveau 5% testen. Dazu wird bei 200 zufällig ausgewählten erwachsenen Wintersportlern ein Alkoholtest durchgeführt. Bestimmen Sie die zugehörige Entscheidungsregel mit einem möglichst großen Ablehnungsbereich.

(5) Von einer Bergstation führen zwei Abfahrten ins Tal, eine einfache „blaue" und eine anspruchsvolle „schwarze". Im Auftrag der ortsansässigen Skischule wird untersucht, ob die Wahl der Abfahrt geschlechtsabhängig ist. Eine über mehrere Wochen erstellte Statistik über die von der Bergstation abfahrenden Personen zeigt, dass 45% unter ihnen weiblich sind; 22% unter ihnen sind männlich und entscheiden sich für die schwarze Abfahrt, 27% unter ihnen sind weiblich und wählen die blaue Abfahrt.
Eine in der Statistik erfasste Person wird zufällig ausgewählt. Untersuchen Sie die beiden Ereignisse „Die ausgewählte Person ist männlich" und „Die ausgewählte Person entscheidet sich für die blaue Abfahrt" auf stochastische Unabhängigkeit.

(6) Bei einem Abfahrtslauf der fortgeschrittenen Skifahrerinnen und Skifahrer der Klasse 7a werden von den 20 Teilnehmern (unter ihnen sind die 3 Mädchen aus dem Dreibettzimmer) die Startnummern von 1 bis 20 zufällig gezogen.
Wie groß ist jeweils die Wahrscheinlichkeit, dass diese 3 Mädchen

a) unter den ersten zehn Startern sind?

b) aufeinander folgende Startnummern ziehen?

ABI 6. Das Spiel „Gewinn mit Vier" besteht aus dem einmaligen Drehen des abgebildeten Laplace-Glücksrads mit 4 gleich großen Sektoren und dem einmaligen Werfen eines üblichen Laplace-Spielwürfels.

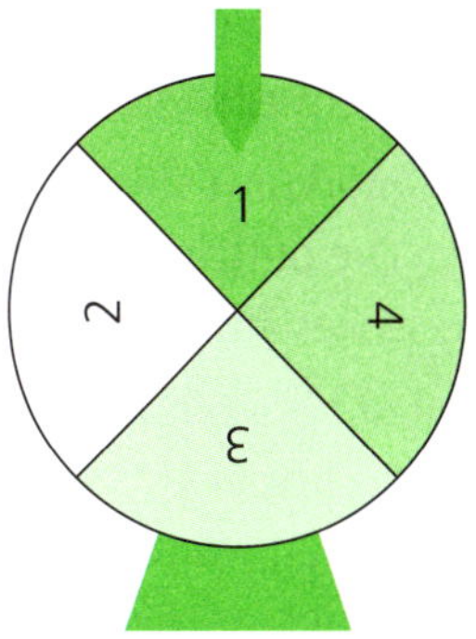

(1) Es werden die beiden Ereignisse
A: „Beim Drehen des Glücksrads wird die Zahl 4 erzielt" und
B: „Beim Werfen des Würfels wird die Zahl 4 erzielt"
betrachtet.
Drücken Sie die Ereignisse
C: „Keines der beiden Ereignisse A und B tritt ein" und
D: „Höchstens eines der beiden Ereignisse A und B tritt ein"
durch A und B in Mengenschreibweise aus und berechnen Sie P(C) und P(D).

In einer Spielshow spielt jeder Kandidat das Spiel „Gewinn mit Vier" genau einmal.

(2) Ein Kandidat erhält nur dann einen Kleingewinn, wenn er beim Spiel „Gewinn mit Vier" genau einmal die Zahl 4 erzielt.

a) Zeigen Sie, dass die Wahrscheinlichkeit dafür $\frac{1}{3}$ beträgt.

b) Für die Show wurden 5 Kleingewinne bereitgestellt. Wie groß ist die Wahrscheinlichkeit, dass diese ausreichen, wenn 15 Kandidaten am Spiel teilnehmen?

c) Wie viele Kandidaten müssen in der Show mindestens „Gewinn mit Vier" spielen, damit die Wahrscheinlichkeit, dass mindestens ein Kandidat einen Kleingewinn erhält, mehr als 99% beträgt?

(3) Ein Kandidat wird zur nächsten Show erneut eingeladen, wenn beim Spiel „Gewinn mit Vier" die Summe der beiden von ihm erzielten Zahlen den Wert 4 ergibt. Berechnen Sie die zugehörige Wahrscheinlichkeit.

(4) Erzielt ein Kandidat beim Spiel „Gewinn mit Vier" zweimal die Zahl 4, darf er an die Glückswand. An dieser sind zwölf Felder in zufälliger Anordnung beschriftet, und zwar je drei mit 0 €, 100 €, 500 € bzw. 1 000 €. Die folgende Abbildung zeigt eine mögliche Anordnung der Geldbeträge an der Glückswand:

100 €	0 €	500 €	100 €
0 €	1 000 €	500 €	100 €
500 €	0 €	1 000 €	1 000 €

Die Felder sind zunächst verdeckt. Ein Spieler darf vier Felder aufdecken und erhält die Summe der aufgedeckten Geldbeträge. Wie groß ist für einen Kandidaten die Wahrscheinlichkeit, dass er im Rahmen einer Show an die Glückswand darf und dort mindestens 3 000 € gewinnt?

(5) Es wird vermutet, dass die Wahrscheinlichkeit für die Augenanzahl 4 beim Würfel nicht mehr $\frac{1}{6}$ beträgt, sondern höher ist. Um zu entscheiden, ob der Würfel ausgetauscht werden muss, wird er 100-mal geworfen. Der Würfel soll ausgetauscht werden, wenn die Augenanzahl 4 dabei mehr als 20-mal erscheint. Wie groß ist die Wahrscheinlichkeit, dasss ein Laplace-Spielwürfel irrtümlich ausgetauscht wird?

(6) Die Wahrscheinlichkeit für einen Kleingewinn [vgl. Teilaufgabe (2)] soll von $\frac{1}{3}$ auf $\frac{1}{4}$ reduziert werden. Dazu verkleinert man den Sektor mit der Zahl 4 auf dem Glücksrad. Die Sektoren der anderen Zahlen werden so angepasst, dass sie wieder untereinander gleich groß sind und dass die Winkel aller Sektoren zusammen wieder 360° ergeben. Der Laplace-Spielwürfel bleibt unverändert.

a) Berechnen Sie die Wahrscheinlichkeit p, mit der die Zahl 4 nun beim Drehen des Glücksrads erzielt wird, und geben Sie die Größe des Winkels des zugehörigen Sektors an.

b) Begründen Sie, dass durch diese Änderungen am Glücksrad die Wahrscheinlichkeit für den Summenwert 4 gegenüber der Ausgangssituation [vgl. Teilaufgabe (3)] größer wird.

BE

M2. Stochastik
S I.

Folgendes Diagramm zeigt Daten zum Rauchverhalten in bestimmten Altersgruppen, die das Statistische Bundesamt im Rahmen einer repräsentativen statistischen Erhebung, dem Mikrozensus 2005, veröffentlicht hat.

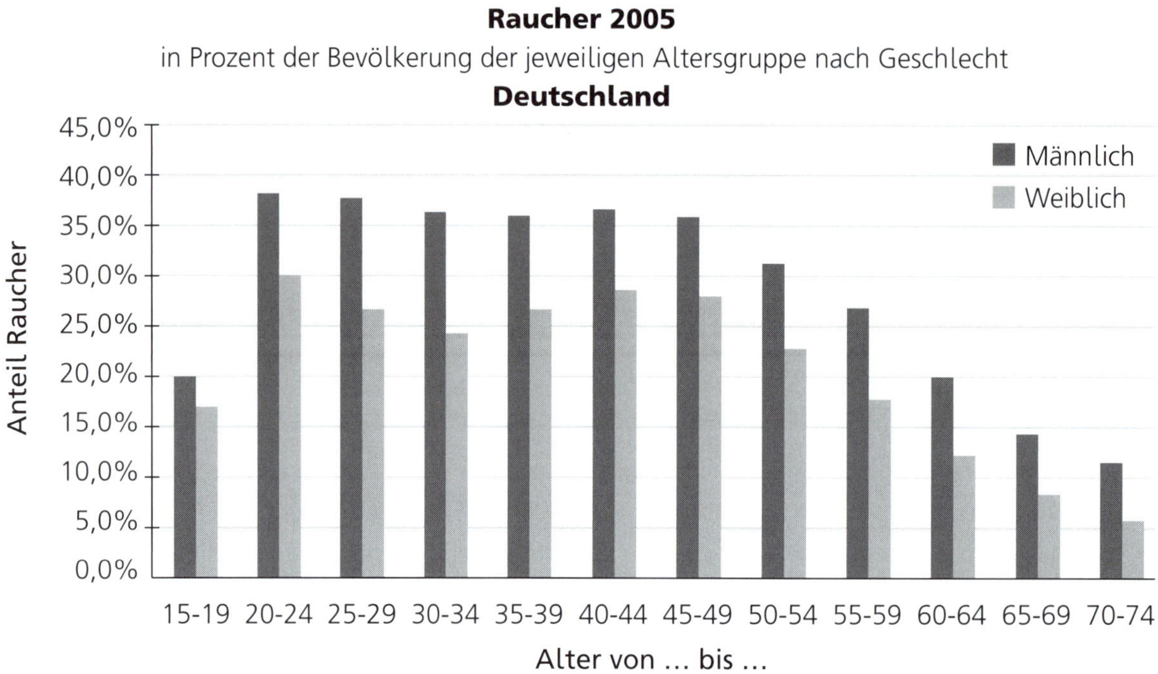

Dem Diagramm kann man beispielsweise entnehmen, dass 36% der 35- bis 39-jährigen Männer rauchen. Somit kann im Folgenden davon ausgegangen werden, dass die Wahrscheinlichkeit, dass ein zufällig ausgewählter Mann aus dieser Altersgruppe raucht, 36% beträgt.

2 **1.** a) Mit welcher Wahrscheinlichkeit ist ein zufällig ausgewählter 20- bis 24-jähriger Mann Nichtraucher?

2 b) Wie viel Prozent der Bevölkerung in der Altersgruppe der 20- bis 24-Jährigen rauchen, wenn man davon ausgeht, dass in dieser Altersgruppe gleich viele Frauen und Männer sind?

3 c) In einem Zeitungsartikel steht, dass 2005 die Anzahl rauchender Männer im Alter von 40 bis 44 Jahren mit 1,3 Millionen größer war als die entsprechende Anzahl bei den 20- bis 24-Jährigen mit 0,9 Millionen. Erläutern Sie, inwiefern die Zeitungsmeldung mit dem obigen Diagramm in Einklang stehen kann.

4 **2.** Vier Frauen wurden zufällig ausgewählt. Zwei gehören zur Altersgruppe der 20- bis 24-Jährigen und je eine zur Gruppe der 15- bis 19-Jährigen bzw. 60- bis 64-Jährigen. Bestimmen Sie die Wahrscheinlichkeit dafür, dass unter ihnen mindestens eine Raucherin ist.

(Fortsetzung nächste Seite)

BE

3. Zehn 20- bis 24-jährige Frauen wurden zufällig ausgewählt.

a) Bestimmen Sie jeweils die Wahrscheinlichkeit für die Ereignisse 4
A: „Unter ihnen sind genau drei Raucherinnen" und
B: „Unter ihnen sind höchstens vier Raucherinnen".

b) Ein Skeptiker meint, dass die Raucherrate unter den 20- bis 24-jährigen Frauen höher als 0,3 ist. Er testet die Nullhypothese H_0: $p \leqq 0{,}3$, wobei p die Wahrscheinlichkeit dafür angibt, dass eine 20- bis 24-jährige Frau raucht. Er stellt jeder der zehn ausgewählten Frauen die Frage „Sind Sie Raucherin?" und erhält folgendes Antwortprotokoll: 5
„ja – nein – ja – nein – ja – ja – nein – nein – nein – ja".
Untersuchen Sie, ob das Ergebnis der Befragung die Meinung des Skeptikers auf einem Signifikanzniveau von 5% stützt.

4. Zehn Raucher entschließen sich zu einer Entwöhnungskur. Zwei von ihnen sind starke Raucher, d. h. ihr Zigarettenkonsum übersteigt 20 Zigaretten pro Tag. Die Erfolgschancen der Behandlung liegen bei einem starken Raucher bei 60%, bei einem nicht starken Raucher bei 70%.

a) Wählen Sie die beiden Terme aus, welche die Wahrscheinlichkeit beschreiben, dass bei genau fünf der acht nicht starken Raucher die Entwöhnung erfolgreich ist. 2

(i) $\binom{8}{3} \cdot 0{,}3^3 \cdot 0{,}7^5$ (ii) $0{,}7^5 \cdot 0{,}3^3$ (iii) $1 - \binom{8}{3} \cdot 0{,}3^3 \cdot 0{,}7^5$

(iv) $\binom{8}{5} \cdot 0{,}3^5 \cdot 0{,}7^3$ (v) $\binom{8}{5} \cdot 0{,}7^5 \cdot 0{,}3^3$ (vi) $\binom{8}{3} \cdot 0{,}7^3 \cdot 0{,}3^5$

b) Berechnen Sie die Wahrscheinlichkeit, dass die Entwöhnung bei mindestens neun Personen der ganzen Gruppe Erfolg hat. 5

c) Im Verlauf der Behandlung wird ein Medikament getestet, das die Entwöhnung unterstützen soll. Fünf zufällig ausgewählte Gruppenmitglieder bekommen das Medikament, die anderen ein Placebo. Bestimmen Sie die Wahrscheinlichkeit, dass die beiden starken Raucher das Medikament bekommen. 3

30

BE

S II.

1. Graphologen beschäftigen sich mit der Analyse von Handschriften. Ein Graphologe bewirbt sich um eine Stelle. Der Personalchef der betreffenden Firma möchte ihn testen und legt ihm dazu Schriftproben vor. Jede Schriftprobe stammt entweder von einer entscheidungsfreudigen oder einer zögerlichen Person. Dies wird dem Bewerber mitgeteilt.

5 a) Man plant, den Bewerber einzustellen, wenn er bei mehr als zwei Dritteln von zwölf vorgelegten Schriftproben richtig entscheidet. Begründen Sie, dass der Bewerber die Stelle mit mehr als 7% Wahrscheinlichkeit bekommen würde, wenn er nur rät.

Dem Personalchef ist es zu riskant, dass ein nur ratender Bewerber die Stelle mit mehr als 7% Wahrscheinlichkeit bekommt. Er fordert, den Test so zu modifizieren, dass die Einstellungschance eines nur ratenden Bewerbers unter 3% gedrückt wird. Man entscheidet sich, die Anzahl vorgelegter Schriftproben auf 30 zu erhöhen und bei mehr als zwei Dritteln eine richtige Entscheidung zu verlangen.

3 b) Zeigen Sie, dass bei dem modifizierten Testverfahren die Forderung des Personalchefs erfüllt wird.

3 c) Der Graphologe interessiert sich anders als der Presonalchef mehr dafür, ob seine Fähigkeiten fälschlicherweise nicht erkannt werden. Er schätzt, dass er bei jeder einzelnen Schriftprobe mit 75% Wahrscheinlichkeit richtig entscheidet. Bestimmen Sie, wie hoch in diesem Fall die Wahrscheinlichkeit ist, dass er bei dem modifizierten Test als nur ratend eingestuft wird.

2 d) Das modifizierte Testverfahren kann als einseitiger Hypothesentest mit dem Signifikanzniveau 3% gedeutet werden. Geben Sie die zugehörige Nullhypothese und den Ablehnungsbereich an.

2. Man liest gelegentlich, dass eine nach rechts geneigte Handschrift einen Hinweis auf Aufgeschlossenheit darstellt. In einer Abteilung mit 50 Angestellten gelten 35 als aufgeschlossen; 40% der als aufgeschlossen geltenden Angestellten haben eine Handschrift, die nicht nach rechts geneigt ist. Weiter ist bei 6 Angestellten, die nicht als aufgeschlossen gelten, die Handschrift nach rechts geneigt.
Die Ereignisse R: „Ein zufällig ausgewählter Angestellter hat eine nach rechts geneigte Handschrift“ und A: „Ein zufällig ausgewählter Angestellter gilt als aufgeschlossen“ sollen auf stochastische Abhängigkeit untersucht werden.

4 a) Stellen Sie die beschriebene Situation in einem vollständig beschrifteten Baumdiagramm oder in einer vollständig ausgefüllten Vierfeldertafel dar.

2 b) Begründen Sie, dass die Ereignisse A und R stochastisch abhängig sind.

2 c) Von den im Vortext angegebenen Zahlenwerten soll nur der Prozentsatz 40% so abgeändert werden, dass die Ereignisse R und A dann stochastisch unabhängig sind. Geben Sie den geänderten Wert an.

(Fortsetzung nächste Seite)

	BE
3. Es ist bekannt, dass 25% aller Unternehmen bei Neueinstellungen ein graphologisches Gutachten, d. h. eine Analyse der Handschrift des Bewerbers, zu Rate ziehen. Ein Stellensuchender bewirbt sich bei 20 Firmen.	
a) Ermitteln Sie die Wahrscheinlichkeit dafür, dass genau fünf dieser Unternehmen ein graphologisches Gutachten einholen.	2
b) Bestimmen Sie die Wahrscheinlichkeit, dass die Anzahl der Unternehmen, die ein graphologisches Gutachten einholen, kleiner als der zugehörige Erwartungswert ist.	3
c) Begründen oder widerlegen Sie folgende Aussage: „Die Wahrscheinlichkeit, dass eine Zufallsvariable einen Wert annimmt, der kleiner als ihr Erwartungswert ist, beträgt höchstens 50%."	4
	30

Geometrie

1. Untersuchen Sie bei jeder der 18 Aussagen, ob sie wahr ist. Stellen Sie falsche Aussagen richtig.

	Aussage	wahr	falsch
a)	Wenn A (3 I 4I 0) und B (–1 I 1 I 5) ist, dann ist $\overrightarrow{AB} = \begin{pmatrix} -4 \\ -3 \\ 5 \end{pmatrix}$.		
b)	Der Punkt M (1 I 2,5 I 2,5) ist der Mittelpunkt der Strecke [AB] mit den Endpunkten A (3 I 4 I 0) und B (–1 I 1 I 5).		
c)	Für a = –4 sind die Vektoren $\begin{pmatrix} 2 \\ 4 \\ -6 \end{pmatrix}$ und $\begin{pmatrix} a \\ 2a \\ 12 \end{pmatrix}$ zueinander parallel.		
d)	Die Strecke [AB] mit den Endpunkten A (3 I 4 I 0) und B (–1 I 1 I 5) hat die Länge $\overline{AB} = 5$.		
e)	Projiziert man den Punkt A (3 I 4 I –5) senkrecht auf die x_1-x_2-Ebene, so erhält man den Punkt A* (3 I 4 I 5).		
f)	Spiegelt man den Punkt A (3 I 4 I –5) an der x_1-x_2-Ebene, so erhält man den Punkt A** (3 I 4 I 5).		
g)	Spiegelt man den Punkt A (3 I 4 I –5) am Ursprung O, so erhält man den Punkt A*** (–3 I –4 I –5).		
h)	Für $k = \sqrt{2}$ hat der Vektor $\begin{pmatrix} 1 \\ 1 \\ k \end{pmatrix}$ den Betrag 2.		
i)	Die Kugel K mit der Gleichung $x_1^2 + x_2^2 + x_3^2 + 4x_1 - 6x_2 + 8x_3 = 7$ hat den Mittelpunkt M (2 I –3 I 4).		
j)	Die Kugel K mit der Gleichung $x_1^2 + x_2^2 + x_3^2 + 4x_1 - 6x_2 + 8x_3 = 7$ hat die Radiuslänge r = 6 LE.		
k)	$\begin{pmatrix} 2 \\ 4 \\ -1 \end{pmatrix} \circ \begin{pmatrix} -1 \\ 3 \\ 0 \end{pmatrix} = \begin{pmatrix} -2 \\ 12 \\ 0 \end{pmatrix}$		
l)	Die Vektoren $\begin{pmatrix} 2 \\ 3 \\ 2 \end{pmatrix}$ und $\begin{pmatrix} -2 \\ 0 \\ 2 \end{pmatrix}$ stehen aufeinander senkrecht.		
m)	Die Vektoren $\begin{pmatrix} 2 \\ 3 \\ -2 \end{pmatrix}$ und $\begin{pmatrix} -2 \\ -3 \\ 2 \end{pmatrix}$ bilden miteinander einen Winkel von 180°.		
n)	Es ist stets $(\vec{a} \times \vec{b}) \circ \vec{c} = \vec{a} \circ (\vec{b} \times \vec{c})$.		
o)	Man kann jeden Würfel so schneiden, dass als Schnittfigur ein regelmäßiges Sechseck entsteht.		
p)	Der Schwerpunkt des Dreiecks ABC mit den Eckpunkten A (3 I 9 I 6), B (–7 I –3 I –5) und C (4 I –6 I –1) ist der Ursprung O.		
q)	Die Vektoren $\begin{pmatrix} 2 \\ 4 \\ 4 \end{pmatrix}$ und $\begin{pmatrix} 4 \\ -1 \\ 1 \end{pmatrix}$ bilden miteinander einen Winkel der Größe $\varphi \approx 108°$.		
r)	$\begin{pmatrix} 2 \\ 1 \\ 2 \end{pmatrix} \times \begin{pmatrix} 2 \\ -1 \\ 1 \end{pmatrix} = \begin{pmatrix} 3 \\ 2 \\ -4 \end{pmatrix}$		

2. Untersuchen Sie bei jeder der 18 Aussagen, ob sie wahr ist. Stellen Sie falsche Aussagen richtig.

	Aussage	wahr	falsch
a)	Die beiden Vektoren $\begin{pmatrix}4\\-2\\-4\end{pmatrix}$ und $\begin{pmatrix}-2\\4\\-4\end{pmatrix}$ haben gleiche Beträge.		
b)	Die Punkte A $(1 \mid 2 \mid 3)$, B $(5 \mid 0 \mid -1)$, C $(3 \mid 4 \mid -5)$ und D $(-1 \mid 6 \mid -1)$ sind die Eckpunkte eines Quadrats mit dem Flächeninhalt 36 FE.		
c)	Die Kugel mit dem Mittelpunkt M $(3 \mid 3 \mid -3)$ und der Radiuslänge 3 LE berührt die x_1-x_2-Ebene im Punkt B $(3 \mid 3 \mid 0)$.		
d)	Die Kugel mit dem Mittelpunkt M $(a \mid a \mid -a)$ und der Radiuslänge a LE berührt jede der drei Basisebenen.		
e)	Die Punkte A $(6 \mid 0 \mid 0)$, B $(6 \mid 6 \mid 0)$, C $(0 \mid 6 \mid 0)$, D $(0 \mid 0 \mid 0)$ und S $(3 \mid 3 \mid 12)$ sind die Eckpunkte einer Pyramide mit dem Volumen V = 432 VE.		
f)	Die Punkte A $(6 \mid 0 \mid 0)$, B $(6 \mid 6 \mid 0)$, C $(0 \mid 6 \mid 0)$, D $(0 \mid 0 \mid 0)$ und S $(0 \mid 0 \mid 12)$ sind die Eckpunkte einer Pyramide mit dem Volumen V = 144 VE.		
g)	Für jeden Wert von $k \in \mathbb{R}$ ist das Dreieck ABC_k mit den Eckpunkten A $(8 \mid 0 \mid 0)$, B $(8 \mid 3 \mid 0)$ und C_k $(4k + 5 \mid 3 \mid -3k)$ rechtwinklig.		
h)	Für k = 0 und für k = 1 ist das Dreieck ABC_k mit den Eckpunkten A $(8 \mid 0 \mid 0)$, B $(8 \mid 3 \mid 0)$ und C_k $(4k + 5 \mid 3 \mid -3k)$ gleichschenklig.		
i)	Die Gerade g: $y = \frac{1}{3}x + \frac{5}{3}$ schneidet den Kreis k: $x^2 + y^2 = 25$ im Punkt P $(4 \mid 3)$ und in einem weiteren Punkt.		
j)	Die Vektoren $\begin{pmatrix}1\\0\end{pmatrix}$ und $\begin{pmatrix}-3\\4\end{pmatrix}$ bilden miteinander einen stumpfen Winkel der Größe $\varphi \approx 127°$.		
k)	Der Punkt S $(2 \mid 0 \mid 5)$ ist der Schwerpunkt des Dreiecks ABC mit den Eckpunkten A $(4 \mid -2 \mid 0)$, B $(-2 \mid 2 \mid 2)$ und C $(4 \mid 0 \mid 7)$.		
l)	Für die Punkte A $(4 \mid -2 \mid 0)$, S $(2 \mid 0 \mid 3)$ und M $(1 \mid 1 \mid 4{,}5)$ gilt $\overline{AS} = 2 \cdot \overline{SM}$ *und* $\overrightarrow{AS} = 2 \cdot \overrightarrow{SM}$.		
m)	Die Vektoren $\begin{pmatrix}4\\4\\7\end{pmatrix}$ und $\begin{pmatrix}1\\-8\\4\end{pmatrix}$ stehen aufeinander senkrecht.		
n)	Wenn das Rechteck OABC dreimal so lang wie breit ist $(\overline{OA} = 3 \cdot \overline{AB})$ und außerdem $\overrightarrow{OT} = \frac{1}{9} \cdot \overrightarrow{OA}$ ist, dann stehen die Vektoren $\overrightarrow{OB}$ und $\overrightarrow{TC}$ aufeinander senkrecht. 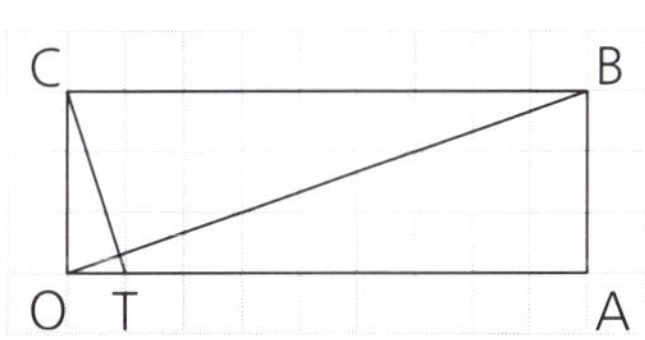		
o)	Die Punkte A $(6 \mid 3 \mid -1)$, B $(2 \mid -1 \mid -1)$ und C $(2 \mid 3 \mid 3)$ sind die Eckpunkte eines gleichseitigen Dreiecks mit dem Flächeninhalt 8 FE.		
p)	Der Punkt S $(2 \mid 1 \mid 3)$ liegt auf der Verbindungsstrecke [OT] der Punkte O $(0 \mid 0 \mid 0)$ und T $(6 \mid 3 \mid 9)$.		
q)	Die Buchstaben des Worts GEOMETRIE kann man in 362 880 verschiedenen Reihenfolgen nebeneinander schreiben.		
r)	Die Buchstaben des Worts MATHEMATIK kann man in 453 600 verschiedenen Reihenfolgen nebeneinander schreiben.		

ABI 3. Zeigen Sie, dass die Punkte A (0 | 0 | –4), B (4 | 0 | 0) und C_k (k – 8 | k | k – 8) für jeden Wert von k ∈ ℝ ein Dreieck mit dem Flächeninhalt $A(k) = 2\sqrt{2k^2 + 16}$ bilden.

a) Finden Sie – durch Überlegen – heraus, für welchen Wert von k dieser Flächeninhalt minimal wird. Geben Sie A_{min} an.

b) Zeigen Sie, dass die Punkte A, B, O (0 | 0 | 0) und C_8 (0 | 8 | 0) auf der Kugel K mit Mittelpunkt M (2 | 4 | –2) und Radiuslänge $r = \sqrt{24}$ LE liegen.

c) Berechnen Sie das Volumen der Pyramide $ABOC_8$.

4. In einem kartesischen Koordinatensystem sind die Punkte A (3 | 2 | 0), B (0 | 3 | 2) und C_k (1 + 3k | 2 – k | 4 – 2k) mit k ∈ ℝ gegeben.

a) Finden Sie heraus, für welchen Wert von k das Dreieck ABC_k bei A rechtwinklig ist. [*Zur Kontrolle*: k = 1]

b) Zeigen Sie, dass die Punkte A, B und C_1 auf einer Kugel K mit Mittelpunkt M (2 | 2 | 2) liegen. Geben Sie eine Gleichung dieser Kugel an.
Die Kugel K schneidet jede der drei Basisebenen in einem Kreis.
Vergleichen Sie die drei Schnittkreise. Ermitteln Sie jeweils die Koordinaten des Mittelpunkts sowie die Radiuslänge und den Flächeninhalt des Schnittkreises.

5. In einem kartesischen Koordinatensystem sind die Punkte A (4 | –1 | 1), B (0 | 3 | 1), C (0 | 1 | 3) und D (2 | –1 | 3) gegeben. Zeigen Sie, dass das Viereck ABCD ein gleichschenkliges Trapez ist und dass der Mittelpunkt der Strecke [AB] der Mittelpunkt des Umkreises des Trapezes ABCD ist.

6. Gegeben ist in der x_1-x_2-Ebene der Kreis k: $x_1^2 + x_2^2 - 10x_1 - 14x_2 + 49 = 0$ sowie der Punkt P (0 | –3).

a) Berechnen Sie die Koordinaten des Mittelpunkts M sowie die Radiuslänge r des Kreises k.

b) Begründen Sie, dass die x_2-Achse und die Gerade $t_2: x_2 = 0{,}75x_1 - 3$ Tangenten an den Kreis k sind.

c) Ermitteln Sie die Gleichungen der Kugeln K_1 und K_2 mit Radiuslänge R = 13 LE, die die x_1-x_2-Ebene im Kreis k schneiden. Erläutern Sie Ihr Vorgehen mithilfe einer Skizze.

7. Die Abbildung zeigt ein Schrägbild eines regulären Oktaeders, dessen Eckpunkte auf den Koordinatenachsen liegen. Ergänzen Sie die Koordinatenachsen und tragen Sie jeweils die Einheit ein. Geben Sie die Koordinaten aller sechs Eckpunkte an.

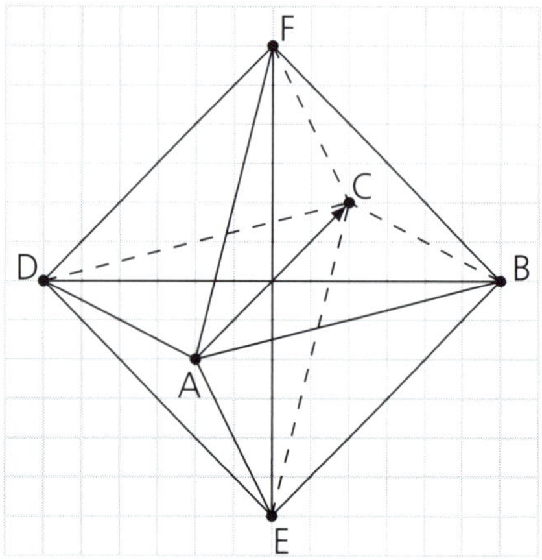

Kantenlänge des Oktaeders: $4\sqrt{2}$ LE

a) Berechnen Sie das Volumen und den Oberflächeninhalt dieses Oktaeders.

b) Geben Sie eine Gleichung der Kugel K an, auf der alle Eckpunkte des Oktaeders liegen. Wie viel Prozent des Kugelvolumens nimmt das Oktaeder ein?
Die Kugel K berührt einen Würfel in den sechs Schnittpunkten seiner Flächendiagonalen. Berechnen Sie das Volumen dieses Würfels. Wie viel Prozent des Würfelvolumens nimmt die Kugel K ein?

1. Ermitteln Sie jeweils eine Gleichung der Geraden.

a) Die Gerade g_1 verläuft durch die Punkte A (2 | –4 | 4) und B (–5 | 1 | 2).

b) Die Gerade g_2 verläuft durch den Ursprung O (0 | 0 | 0) und besitzt den Richtungsvektor $\vec{u} = \begin{pmatrix} -1 \\ 4 \\ -3 \end{pmatrix}$.

c) Die Gerade g_3 verläuft durch den Punkt P (2 | –3 | 1) und ist parallel zur Geraden

$h: \vec{X} = \begin{pmatrix} 1 \\ -8 \\ 9 \end{pmatrix} + \lambda \begin{pmatrix} 2 \\ -1 \\ 3 \end{pmatrix};\ \lambda \in \mathbb{R}$.

2. Untersuchen Sie, welche Lage die Punkte A (3 | –3 | 8), B (1 | 1 | 2) und C (4,5 | –4,5 | 11) in Bezug auf die Gerade g mit der Gleichung $\vec{X} = \begin{pmatrix} 2 \\ -2 \\ 5 \end{pmatrix} + \lambda \begin{pmatrix} 1 \\ -1 \\ 3 \end{pmatrix};\ \lambda \in \mathbb{R}$, besitzen.

3. Die Punkte **a)** A (1 | –4 | 1) **b)** B (0 | –6 | –1) **c)** C (5 | 4 | 9) **d)** D (2 | –2 | 3) liegen auf der Geraden g: $\vec{X} = \begin{pmatrix} 2 \\ -2 \\ 3 \end{pmatrix} + \lambda \begin{pmatrix} 1 \\ 2 \\ 2 \end{pmatrix};\ \lambda \in \mathbb{R}$. Ermitteln Sie die zugehörigen Werte des Parameters λ.

4. Ermitteln Sie jeweils diejenigen Werte der Parameter a, b ∈ ℝ, für die der Punkt P auf der Geraden g: $\vec{X} = \begin{pmatrix} 2 \\ 0 \\ 3 \end{pmatrix} + k \begin{pmatrix} -1 \\ 2 \\ 2 \end{pmatrix};\ k \in \mathbb{R}$, liegt.

a) P (8 | a | b) b) P (a | 4 | b) c) P (a | b | 5) d) P (a | 2a | b)

5. Zeigen Sie, dass die Punkte A (3 | 4 | –1), B (–3 | –2 | 1) und C (5 | 6 | 7) nicht auf einer Geraden liegen, also die Eckpunkte eines Dreiecks ABC sind.

a) Geben Sie je eine Gleichung der Geraden AB, BC und CA an.

b) Geben Sie je eine Gleichung der Seitenhalbierenden s_a, s_b und s_c des Dreiecks ABC an und zeigen Sie, dass der Schwerpunkt S des Dreiecks ABC auf jeder der Seitenhalbierenden liegt.

c) Berechnen Sie die Längen a, b bzw. c der drei Dreiecksseiten.

d) Berechnen Sie die Größen α, β bzw. γ der drei Innenwinkel des Dreiecks ABC.

e) Berechnen Sie zunächst den Flächeninhalt des Dreiecks ABC und dann die Höhe h_b.

6. In einem kartesischen Koordinatensystem sind die Gerade g: $\vec{X} = \begin{pmatrix} -0{,}5 \\ -1 \\ 1 \end{pmatrix} + \lambda \begin{pmatrix} 3 \\ -4 \\ 0 \end{pmatrix};\ \lambda \in \mathbb{R}$, sowie die Punkte A (–2 | 1 | 1) und B (–2 | 5 | 1) gegeben.

a) Zeigen Sie, dass A ein Punkt der Geraden g ist, aber B dieser Geraden nicht angehört.

b) Berechnen Sie die Größe α der beiden spitzen Winkel, die die Geraden g und AB miteinander einschließen, auf Grad genau.

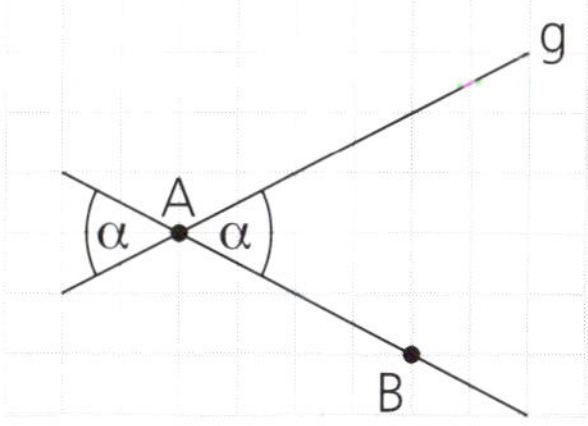

c) Die Punkte A und B bilden zusammen mit einem Punkt C (–0,5 + 3λ | –1 – 4λ | 1) ∈ g; λ ≠ –0,5, ein gleichschenkliges Dreieck ABC mit der Basis [AB].
Ermitteln Sie zunächst die Koordinaten des Mittelpunkts M der Strecke [AB] und dann die Koordinaten des Punkts C.
[*Zur Kontrolle*: C (–3,5 | 3 | 1)]
Deuten Sie die Strecke [MC] geometrisch und berechnen Sie ihre Länge $\overline{MC}$ sowie den Dreiecksinhalt A_{ABC}.

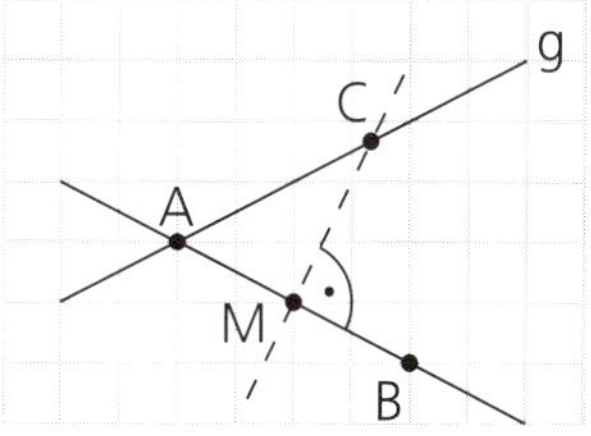

7. Ermitteln Sie jeweils die Koordinaten des Schnittpunks S der beiden Geraden g und h.

a) $g: \vec{X} = \begin{pmatrix} 4 \\ 4 \\ -1 \end{pmatrix} + \lambda \begin{pmatrix} 1 \\ 2 \\ 2 \end{pmatrix}$; $h: \vec{X} = \begin{pmatrix} 3 \\ 2 \\ -3 \end{pmatrix} + \mu \begin{pmatrix} 1 \\ 0 \\ 1 \end{pmatrix}$; $\lambda, \mu \in \mathbb{R}$

b) $g: \vec{X} = \begin{pmatrix} 0 \\ 1 \\ 0 \end{pmatrix} + \lambda \begin{pmatrix} 1 \\ 0 \\ 0 \end{pmatrix}$; $h: \vec{X} = \begin{pmatrix} 1 \\ 0 \\ -4 \end{pmatrix} + \mu \begin{pmatrix} -1 \\ 1 \\ 4 \end{pmatrix}$; $\lambda, \mu \in \mathbb{R}$

c) $g: \vec{X} = \begin{pmatrix} -10 \\ 5 \\ -10 \end{pmatrix} + \lambda \begin{pmatrix} 4 \\ 3 \\ 5 \end{pmatrix}$; $h: \vec{X} = \mu \begin{pmatrix} -8 \\ 19 \\ -5 \end{pmatrix}$; $\lambda, \mu \in \mathbb{R}$

8. Finden Sie jeweils heraus, ob die beiden Geraden g und h zueinander echt parallel oder miteinander identisch sind.

a) $g: \vec{X} = \begin{pmatrix} -5 \\ -5 \\ -1 \end{pmatrix} + \lambda \begin{pmatrix} 3 \\ -4 \\ 0 \end{pmatrix}$; $h: \vec{X} = \begin{pmatrix} 0 \\ 5 \\ 3 \end{pmatrix} + \mu \begin{pmatrix} -3 \\ 4 \\ 0 \end{pmatrix}$; $\lambda, \mu \in \mathbb{R}$

b) $g: \vec{X} = \begin{pmatrix} -1 \\ 1 \\ 1 \end{pmatrix} + \lambda \begin{pmatrix} 2 \\ -1 \\ 2 \end{pmatrix}$; $h: \vec{X} = \begin{pmatrix} 1 \\ 0 \\ 3 \end{pmatrix} + \mu \begin{pmatrix} -2 \\ 1 \\ -2 \end{pmatrix}$; $\lambda, \mu \in \mathbb{R}$

c) $g: \vec{X} = \begin{pmatrix} -10 \\ 5 \\ -10 \end{pmatrix} + \lambda \begin{pmatrix} 4 \\ 3 \\ 5 \end{pmatrix}$; $h: \vec{X} = \mu \begin{pmatrix} -8 \\ -6 \\ -10 \end{pmatrix}$; $\lambda, \mu \in \mathbb{R}$

9. Zeigen Sie jeweils, dass die Geraden g und h zueinander windschief sind und dass der Vektor $\vec{n}$ auf jeder der beiden Geraden senkrecht steht.

a) $g: \vec{X} = \begin{pmatrix} 4 \\ 7 \\ 0 \end{pmatrix} + \lambda \begin{pmatrix} -3 \\ 4 \\ 0 \end{pmatrix}$; $h: \vec{X} = \begin{pmatrix} 8 \\ 6 \\ 25 \end{pmatrix} + \mu \begin{pmatrix} -4 \\ -3 \\ 2 \end{pmatrix}$; $\lambda, \mu \in \mathbb{R}$; $\vec{n} = \begin{pmatrix} 8 \\ 6 \\ 25 \end{pmatrix}$

b) $g: \vec{X} = \begin{pmatrix} 8 \\ 4 \\ 13 \end{pmatrix} + \lambda \begin{pmatrix} 3 \\ 3 \\ 7 \end{pmatrix}$; $h: \vec{X} = \begin{pmatrix} 1 \\ 3 \\ 2 \end{pmatrix} + \mu \begin{pmatrix} 1 \\ 1 \\ 4 \end{pmatrix}$; $\lambda, \mu \in \mathbb{R}$; $\vec{n} = \begin{pmatrix} 1 \\ -1 \\ 0 \end{pmatrix}$

10. Finden Sie jeweils heraus, welche gegenseitige Lage die beiden Geraden g und h aufweisen.

a) $g: \vec{X} = \begin{pmatrix} 0 \\ 3 \\ 1 \end{pmatrix} + \lambda \begin{pmatrix} 1 \\ 1 \\ 2 \end{pmatrix}$; $h: \vec{X} = \begin{pmatrix} 0 \\ 3 \\ 2 \end{pmatrix} + \mu \begin{pmatrix} 1 \\ 2 \\ 4 \end{pmatrix}$; $\lambda, \mu \in \mathbb{R}$

b) $g: \vec{X} = \begin{pmatrix} 4 \\ 2 \\ 0 \end{pmatrix} + \lambda \begin{pmatrix} 1 \\ 3 \\ -1 \end{pmatrix}$; $h: \vec{X} = \begin{pmatrix} 3 \\ -1 \\ 1 \end{pmatrix} + \mu \begin{pmatrix} -4 \\ -3 \\ 2 \end{pmatrix}$; $\lambda, \mu \in \mathbb{R}$

c) $g: \vec{X} = \begin{pmatrix} 2 \\ 0 \\ 1 \end{pmatrix} + \lambda \begin{pmatrix} -1 \\ 2 \\ 3 \end{pmatrix}$; $h: \vec{X} = \begin{pmatrix} -1 \\ 6 \\ 10 \end{pmatrix} + \mu \begin{pmatrix} 1 \\ -2 \\ -3 \end{pmatrix}$; $\lambda, \mu \in \mathbb{R}$

d) $g: \vec{X} = \lambda \begin{pmatrix} 2 \\ -1 \\ 2 \end{pmatrix}$; $h: \vec{X} = \begin{pmatrix} -1 \\ 0 \\ 3 \end{pmatrix} + \mu \begin{pmatrix} -2 \\ 1 \\ -2 \end{pmatrix}$; $\lambda, \mu \in \mathbb{R}$

e) $g: \vec{X} = \begin{pmatrix} 5 \\ -2 \\ 1 \end{pmatrix} + \lambda \begin{pmatrix} 2 \\ -1 \\ -1 \end{pmatrix}$; $h: \vec{X} = \begin{pmatrix} 2 \\ 1 \\ -3 \end{pmatrix} + \mu \begin{pmatrix} 1 \\ -2 \\ 5 \end{pmatrix}$; $\lambda, \mu \in \mathbb{R}$

f) $g: \vec{X} = \begin{pmatrix} 1 \\ -2 \\ -1 \end{pmatrix} + \lambda \begin{pmatrix} 0 \\ 1 \\ -1 \end{pmatrix}$; $h: \vec{X} = \begin{pmatrix} 2 \\ 1 \\ -3 \end{pmatrix} + \mu \begin{pmatrix} 0 \\ -1 \\ 1 \end{pmatrix}$; $\lambda, \mu \in \mathbb{R}$

ABI 11. Gegeben sind die Punkte P (2 | 2 | –2), Q (0 | 2 | 4) und R (–1 | 5 | 6) sowie die beiden Geraden

$g\colon \vec{X} = \begin{pmatrix} -2 \\ 8 \\ 8 \end{pmatrix} + \lambda \begin{pmatrix} 2 \\ -6 \\ -4 \end{pmatrix}$ und $k\colon \vec{X} = \begin{pmatrix} 2 \\ -4 \\ a \end{pmatrix} + \mu \begin{pmatrix} -3 \\ b \\ 6 \end{pmatrix}$; $\lambda, \mu, a, b \in \mathbb{R}$.

a) Zeigen Sie, dass die Punkte Q und R auf der Geraden g liegen, und stellen Sie die Punkte P, Q und R sowie die Gerade g in einem Koordinatensystem dar.

b) Bestimmen Sie jeweils die gegenseitige Lage der Geraden g und k für
(1) $a = 0$ und $b = -6$. (2) $a = 0$ und $b = 9$. (3) $a = 1$ und $b = 9$.

c) Erklären Sie mithilfe der Zeichnung zu Teilaufgabe a) die einzelnen Schritte der folgenden Rechnung und erläutern Sie den geometrischen Hintergrund. Führen Sie auch die für die Zwischenergebnisse erforderlichen Rechnungen durch.
Gesucht sind die Koordinaten des Punkts D (und seines Ortsvektors $\vec{D}$) mit

(I) $\vec{D} = \begin{pmatrix} -2 \\ 8 \\ 8 \end{pmatrix} + \lambda \begin{pmatrix} 2 \\ -6 \\ -4 \end{pmatrix}$ und (II) $\overrightarrow{PD} \circ \begin{pmatrix} 2 \\ -6 \\ -4 \end{pmatrix} = \left(\vec{D} - \vec{P}\right) \circ \begin{pmatrix} 2 \\ -6 \\ -4 \end{pmatrix} = 0$.

Aus (I) und (II) folgt D (1 | –1 | 2) sowie $A = \frac{1}{2} \cdot \left|\overrightarrow{PD}\right| \cdot \left|\overrightarrow{QR}\right| = 9{,}54$ (FE).

ABI 12. In einem kartesischen Koordinatensystem sind der Punkt P (1 | –2 | 6) und die Gerade g mit der Gleichung $\vec{X} = \begin{pmatrix} 2 \\ 2 \\ 3 \end{pmatrix} + \lambda \begin{pmatrix} 2 \\ -1 \\ 1 \end{pmatrix}$; $\lambda \in \mathbb{R}$, gegeben.

a) Zeigen Sie, dass der Punkt P nicht auf der Geraden g liegt, und ermitteln Sie die fehlenden Koordinaten des Punkts Q (q_1 | q_2 | 0) $\in$ g.
Weisen Sie nach, dass die Ortsvektoren $\vec{P}$ und $\vec{Q}$ gleiche Beträge besitzen und weder gleich gerichtet noch zueinander orthogonal sind.

b) Durch den Punkt P und den Koordinatenursprung verläuft die Gerade h. Untersuchen Sie die gegenseitige Lage der Geraden g und h.

c) Gegeben ist ferner eine Schar von Geraden $k_a\colon \vec{X} = \begin{pmatrix} 0 \\ -2 \\ 1 \end{pmatrix} + \mu \begin{pmatrix} 1 \\ -1 \\ a \end{pmatrix}$; $\mu, a \in \mathbb{R}$.
Genau eine Gerade dieser Schar schneidet die Gerade g. Ermitteln Sie den zugehörigen Parameterwert a* und die Koordinaten des Schnittpunkts S.

ABI 13. Die Punkte A (1 | 1 | 1), B (–3 | 5 | 3) und C (–1 | 3 | 11) liegen nicht auf einer Geraden (Nachweis nicht verlangt), sind also die Eckpunkte des Dreiecks ABC.

a) M_a ist der Mittelpunkt der Seite [BC]; M_b ist der Mittelpunkt der Seite [CA]. Ermitteln Sie die Koordinaten der Punkte M_a und M_b. Die Punkte A und M_a bestimmen die Gerade g_1; die Punkte B und M_b bestimmen die Gerade g_2. Geben Sie zunächst eine Gleichung von g_1 und eine Gleichung von g_2 an und berechnen Sie dann die Koordinaten des Schnittpunkts S von g_1 und g_2.
[*Zur Kontrolle*: S (–1 | 3 | 5)]

b) Berechnen Sie den Flächeninhalt des Dreiecks ABC.

c) Durch das Dreieck ABC und den Punkt D (3 | 7 | 5) ist eine Pyramide P mit der Spitze D gegeben. Zeigen Sie, dass $\overrightarrow{SD}$ [vgl. Teilaufgabe a)] sowohl auf $\overrightarrow{AB}$ wie auch auf $\overrightarrow{CA}$ senkrecht steht, dass also [SD] Höhe der Pyramide P ist.
Berechnen Sie $\overline{SD}$ und das Volumen V_P der Pyramide P.

ABI 14. Durch die Gleichung $\vec{X} = \begin{pmatrix} 0 \\ 0 \\ 2 \end{pmatrix} + \lambda \begin{pmatrix} 1 \\ 1 \\ a \end{pmatrix}$; $\lambda \in \mathbb{R}$, wird für jeden Wert von $a \in \mathbb{R}$ eine Gerade g_a festgelegt.

a) Finden Sie heraus, für welchen Wert von a die Geraden g_a und h_a: $\vec{X} = \begin{pmatrix} 0 \\ 4 \\ 2 \end{pmatrix} + \mu \begin{pmatrix} -1 \\ 1 \\ a \end{pmatrix}$; $\mu, a \in \mathbb{R}$, einen gemeinsamen Punkt P besitzen. Ermitteln Sie die Koordinaten von P.

b) Ermitteln Sie denjenigen Wert von a, für den die Gerade k_a mit dem Richtungsvektor $\begin{pmatrix} 1-a \\ 5 \\ -a \end{pmatrix}$ die Gerade g_a im Punkt Q_a (1 + a | –2 | –1 – 3a) rechtwinklig schneidet.

ABI 15. Gegeben sind die vier Punkte A (2 | 2 | –2), B (4 | –4 | 2), C (8 | 2 | 2) und D (6 | 8 | –2).

a) Zeigen Sie, dass das Dreieck ABC gleichschenklig ist. Berechnen Sie die Längen seiner Seiten sowie die Größen seiner Innenwinkel.

b) Zeigen Sie, dass das Viereck ABCD ein Parallelogramm ist, ermitteln Sie die Koordinaten seines Diagonalenschnittpunkts S und berechnen Sie den Flächeninhalt A_{ABCD}.

c) Wählen Sie die Koordinaten des Punkts F (a | –4 | b); $a, b \in \mathbb{R}$, so, dass das Viereck ABFC ein Parallelogramm ist. Geben Sie eine Gleichung der Diagonalen AF an.

d) In der x_1-x_2-Ebene liegt ein Kreis k mit Mittelpunkt S (5 | 2 | 0) und Radiuslänge $\sqrt{29}$ (LE). Der Kreis schneidet die x_1-Achse in den Punkten U und V.
Berechnen Sie die Länge der Sehne [UV] sowie den Flächeninhalt des Kreissektors SUV.
[*Zur Kontrolle*: U (0 | 0 | 0); V (10 | 0 | 0)]

ABI 16. In einem kartesischen Koordinatensystem sind die Punkte A (3 | 7 | 0), B (9 | –1 | 0) und C ($\frac{2}{3}$ | –1 | 14) sowie die Gerade g mit der Gleichung $\vec{X} = \begin{pmatrix} 2 \\ 0 \\ 12 \end{pmatrix} + \lambda \begin{pmatrix} 4 \\ 3 \\ -6 \end{pmatrix}$; $\lambda \in \mathbb{R}$, gegeben.

a) Die Gerade h verläuft durch die Punkte A und B. Untersuchen Sie, ob die Geraden g und h einander im Punkt C schneiden.

b) Alle Punkte D der x_1-x_2-Ebene, für die die Dreiecke ABD rechtwinklig mit der Hypotenuse [AB] sind, liegen auf dem Thaleskreis k über [AB]. Geben Sie eine Gleichung von k an. Zeigen Sie, dass der Punkt S (10 | 6 | 0) sowohl auf der Geraden g wie auch auf dem Thaleskreis k liegt und dass das Dreieck ABS gleichschenklig-rechtwinklig ist.

Ebenengleichungen ermitteln

1. Die Ebene E enthält jeweils den **Punkt** P und besitzt die **Richtungsvektoren** $\vec{u}$ und $\vec{v}$.
Geben Sie eine Gleichung der Ebene E in Parameterform an.

a) P (2 | 3 | –1); $\vec{u} = \begin{pmatrix} 2 \\ -1 \\ 0 \end{pmatrix}$; $\vec{v} = \begin{pmatrix} 1 \\ -1 \\ 2 \end{pmatrix}$.

b) P (0 | 0 | 0); $\vec{u} = \begin{pmatrix} 3 \\ 4 \\ -2 \end{pmatrix}$; $\vec{v} = \begin{pmatrix} -1 \\ 2 \\ 2 \end{pmatrix}$.

2. Gegeben sind jeweils die **drei Punkte** A, B und C.
Zeigen Sie zunächst, dass die drei Punkte nicht auf einer Geraden liegen, also eine Ebene E festlegen, und geben Sie dann eine Gleichung der Ebene E in Parameterform sowie eine Gleichung von E in parameterfreier Form an.

a) A (2 | 0 | 5), B (3 | 1 | 5) und C (3 | 2 | 6)

b) A (2 | 1 | 1), B (1 | 2 | 1) und C (1 | 1 | 2)

c) A (0 | 3 | 2), B (2 | 0 | 2) und C (2 | 3 | 0)

3. Gegeben sind jeweils die **zwei Geraden** g und h.
Begründen Sie zunächst, dass sie eine Ebene E festlegen, und geben Sie dann eine Gleichung der Ebene E in Parameterform sowie eine Gleichung von E in parameterfreier Form an.

a) g: $\vec{X} = \begin{pmatrix} -10 \\ -9 \\ -4 \end{pmatrix} + \lambda \begin{pmatrix} -3 \\ -6 \\ 2 \end{pmatrix}$; h: $\vec{X} = \begin{pmatrix} -1 \\ 9 \\ -10 \end{pmatrix} + \mu \begin{pmatrix} 6 \\ -2 \\ 3 \end{pmatrix}$; $\lambda, \mu \in \mathbb{R}$

b) g: $\vec{X} = \begin{pmatrix} -1 \\ 0 \\ 0 \end{pmatrix} + \lambda \begin{pmatrix} 1 \\ 1 \\ 0 \end{pmatrix}$; h: $\vec{X} = \begin{pmatrix} 1 \\ 0 \\ -4 \end{pmatrix} + \mu \begin{pmatrix} -1 \\ 1 \\ 4 \end{pmatrix}$; $\lambda, \mu \in \mathbb{R}$

c) g: $\vec{X} = \begin{pmatrix} 0 \\ 0 \\ 5 \end{pmatrix} + \lambda \begin{pmatrix} 4 \\ -3 \\ -2 \end{pmatrix}$; h: $\vec{X} = \begin{pmatrix} -5 \\ 2 \\ 11 \end{pmatrix} + \mu \begin{pmatrix} -4 \\ 3 \\ 2 \end{pmatrix}$; $\lambda, \mu \in \mathbb{R}$

d) g: $\vec{X} = \begin{pmatrix} -2 \\ 4 \\ 7 \end{pmatrix} + \lambda \begin{pmatrix} -3 \\ 2 \\ 6 \end{pmatrix}$; h: $\vec{X} = \begin{pmatrix} 0 \\ -2 \\ 10 \end{pmatrix} + \mu \begin{pmatrix} 3 \\ -2 \\ -6 \end{pmatrix}$; $\lambda, \mu \in \mathbb{R}$

4. Gegeben ist jeweils die **Gerade** g und der **Punkt** P.
Zeigen Sie zunächst, dass der Punkt P nicht auf g liegt, also zusammen mit g eine Ebene E festlegt, und geben Sie dann eine Gleichung der Ebene E in Parameterform sowie eine Gleichung von E in parameterfreier Form an.

a) g: $\vec{X} = \begin{pmatrix} 0 \\ -4 \\ 3 \end{pmatrix} + \lambda \begin{pmatrix} 1 \\ 8 \\ -5 \end{pmatrix}$; $\lambda \in \mathbb{R}$; P (–2 | 4 | 1)

b) g: $\vec{X} = \begin{pmatrix} 5 \\ 3 \\ -4 \end{pmatrix} + \lambda \begin{pmatrix} 1 \\ -4 \\ 8 \end{pmatrix}$; $\lambda \in \mathbb{R}$; P (–2 | 7 | 0)

c) g: $\vec{X} = \begin{pmatrix} 2 \\ -1 \\ 0 \end{pmatrix} + \lambda \begin{pmatrix} 2 \\ 2 \\ -1 \end{pmatrix}$; $\lambda \in \mathbb{R}$; P (4 | 1 | 8)

d) g: $\vec{X} = \begin{pmatrix} 3 \\ -5 \\ 6 \end{pmatrix} + \lambda \begin{pmatrix} 2 \\ 3 \\ -4 \end{pmatrix}$; $\lambda \in \mathbb{R}$; P (5 | –2 | 3)

e) g: $\vec{X} = \begin{pmatrix} 4 \\ 0 \\ 0 \end{pmatrix} + \lambda \begin{pmatrix} 3 \\ -8 \\ 5 \end{pmatrix}$; $\lambda \in \mathbb{R}$; P (7 | 16 | –10)

5. Die Ebene E enthält jeweils den **Punkt** P und ist **senkrecht zur Geraden** g.
Geben Sie eine Gleichung von E in Normalenform an.

a) P (–2 | 8 | 0); g: $\vec{X} = \begin{pmatrix} 2 \\ -1 \\ 0 \end{pmatrix} + \lambda \begin{pmatrix} 2 \\ 1 \\ -2 \end{pmatrix}; \lambda \in \mathbb{R}$

b) P (0 | 4,8 | 0); g: $\vec{X} = \begin{pmatrix} 0 \\ 0 \\ 2 \end{pmatrix} + \lambda \begin{pmatrix} 0 \\ 2{,}5 \\ 6 \end{pmatrix}; \lambda \in \mathbb{R}$

c) P (7 | 5 | 4); g: $\vec{X} = \begin{pmatrix} 0 \\ 7 \\ 0 \end{pmatrix} + \lambda \begin{pmatrix} 2 \\ 1 \\ -3 \end{pmatrix}; \lambda \in \mathbb{R}$

d) P (6 | 0 | –4); g: $\vec{X} = \lambda \begin{pmatrix} 0 \\ 1 \\ -2 \end{pmatrix}; \lambda \in \mathbb{R}$

6. Gegeben ist jeweils eine Gleichung der Ebene E in **Normalenform**; ermitteln Sie eine Gleichung von E in **Parameterform**.

a) $E: x_1 - 2x_2 + 2x_3 - 6 = 0$

b) $E: x_1 - x_2 - 4x_3 + 4 = 0$

c) $E: 5x_2 + 12x_3 - 25 = 0$

Lineare Abhängigkeit – lineare Unabhängigkeit

7. Zeigen Sie, dass die Vektoren $\vec{u} = \begin{pmatrix} -1 \\ 1 \\ 0 \end{pmatrix}$ und $\vec{v} = \begin{pmatrix} 3 \\ 3 \\ -6 \end{pmatrix}$ voneinander **linear unabhängig** sind.

8. Finden Sie heraus, für welche Werte des Parameters $a \in \mathbb{R}$ die Vektoren $\vec{a}$, $\vec{b}$ und $\vec{c}$ voneinander **linear abhängig** und für welche sie voneinander **linear unabhängig** sind.
$\vec{a} = \begin{pmatrix} 1 \\ 2a \\ 2 \end{pmatrix}; \quad \vec{b} = \begin{pmatrix} 1 \\ 1 \\ -a \end{pmatrix}; \quad \vec{c} = \begin{pmatrix} 0 \\ a \\ 3 \end{pmatrix}.$

9. Zeigen Sie, dass die drei Ortsvektoren $\vec{A} = \begin{pmatrix} 2 \\ -3 \\ 1 \end{pmatrix}$, $\vec{B} = \begin{pmatrix} 0 \\ 1 \\ -1 \end{pmatrix}$ und $\overrightarrow{C_k} = \begin{pmatrix} -5k \\ 6k+7 \\ -k-1 \end{pmatrix}$ für jeden Wert von $k \in \mathbb{R}$ voneinander **linear unabhängig** sind, und folgern Sie, dass die Punkte O (0 | 0 | 0), A und B eine Ebene E festlegen. Die Punkte C_k liegen sämtlich auf einer Geraden g. Geben Sie je eine Gleichung der Ebene E und der Geraden g an.

10. Zeigen Sie, dass die Vektoren $\vec{u} = \begin{pmatrix} 8 \\ -6 \\ 18 \end{pmatrix}$, $\vec{v} = \begin{pmatrix} 4 \\ -2 \\ 8 \end{pmatrix}$ und $\vec{w} = \begin{pmatrix} 2 \\ 0 \\ 3 \end{pmatrix}$ voneinander linear abhängig sind, und stellen Sie jeden von ihnen als **Linearkombination** der beiden anderen dar.

11. In einem kartesischen Koordinatensystem sind die Punkte A (a^2 | 1 | 2), B (5 | 1 | a) und C (3 | 2 | 4); $a \in \mathbb{R}$, gegeben.

a) Untersuchen Sie, ob es einen Wert des Parameters a gibt, für den die Punkte A, B und C auf einer Geraden liegen.

b) Für welchen Wert von a existiert in der x_1-x_2-Ebene ein Punkt D, sodass die Punkte A, B, C und D die Eckpunkte eines Parallelogramms sind?

c) Zeigen Sie, dass für a = 2 die Gleichung $-7 \cdot \overrightarrow{OA} + 5 \cdot \overrightarrow{OB} + 1 \cdot \overrightarrow{OC} = \vec{o}$ gilt, und interpretieren Sie diese Gleichung geometrisch.

Lage von Ebenen zueinander

12. Untersuchen Sie jeweils, ob die Ebenen E_1 und E_2 zueinander **echt parallel** sind.

a) $E_1\colon x_1 + x_2 - 4x_3 + 7 = 0;$ $\quad E_2\colon x_1 + x_2 - 4x_3 - 11 = 0$

b) $E_1\colon x_2 - x_3 - 1 = 0;$ $\quad E_2\colon \vec{X} = \begin{pmatrix}-6\\-6\\0\end{pmatrix} + \lambda\begin{pmatrix}2\\1\\1\end{pmatrix} + \mu\begin{pmatrix}3\\-2\\2\end{pmatrix};\ \lambda, \mu \in \mathbb{R}$

c) $E_1\colon 2x_1 + x_2 - 2x_3 - 4 = 0;$ $\quad E_2\colon \vec{X} = \begin{pmatrix}0\\4\\0\end{pmatrix} + \lambda\begin{pmatrix}1\\-2\\0\end{pmatrix} + \mu\begin{pmatrix}0\\2\\1\end{pmatrix};\ \lambda, \mu \in \mathbb{R}$

d) $E_1\colon \vec{X} = \begin{pmatrix}3\\5\\2\end{pmatrix} + \lambda\begin{pmatrix}0\\3\\2\end{pmatrix} + \mu\begin{pmatrix}1\\1\\0\end{pmatrix};\ \lambda, \mu \in \mathbb{R}$ $\quad E_2\colon \vec{X} = r\begin{pmatrix}-2\\1\\2\end{pmatrix} + s\begin{pmatrix}3\\0\\-2\end{pmatrix};\ r, s \in \mathbb{R}$

13. In einem kartesischen Koordinatensystem sind die Punkte $A\,(-k \mid k \mid k)$, $B\,(2k \mid -k \mid 0)$ und $C\,(2k \mid 0 \mid -k)$; $k \in \mathbb{N}$, gegeben. Zeigen Sie, dass die Punkte A, B und C für jeden Wert von k eine Ebene E_k festlegen, und stellen Sie eine Gleichung von E_k in Normalenform auf.
Begründen Sie, dass alle Ebenen E_k zueinander echt parallel sind.

14. Ermitteln Sie jeweils eine Gleichung der **Schnittgeraden** s der beiden Ebenen E_1 und E_2.

a) $E_1\colon 2x_1 - x_2 - 2x_3 - 3 = 0;$ $\quad E_2\colon \vec{X} = \begin{pmatrix}0\\-5\\-8\end{pmatrix} + \lambda\begin{pmatrix}2\\4\\9\end{pmatrix} + \mu\begin{pmatrix}1\\2\\9\end{pmatrix};\ \lambda, \mu \in \mathbb{R}$

b) $E_1\colon 2x_1 + 3x_2 + 3x_3 - 10 = 0;$ $\quad E_2\colon \vec{X} = \begin{pmatrix}1\\2\\2\end{pmatrix} + \lambda\begin{pmatrix}1\\0\\0\end{pmatrix} + \mu\begin{pmatrix}2\\1\\0\end{pmatrix};\ \lambda, \mu \in \mathbb{R}$

c) $E_1\colon 2x_1 + 3x_2 + 4x_3 = 8;$ $\quad E_2\colon x_3 = 0$

d) $E_1\colon 2x_1 + 2x_2 - x_3 - 4 = 0;$ $\quad E_2\colon 2x_1 - x_2 + 2x_3 + 2 = 0$

e) $E_1\colon \vec{X} = \begin{pmatrix}-2\\-4\\2\end{pmatrix} + \lambda\begin{pmatrix}1\\2\\2\end{pmatrix} + \mu\begin{pmatrix}0\\-1\\-2\end{pmatrix};$ $\quad E_2\colon \vec{X} = \begin{pmatrix}4\\-4\\4\end{pmatrix} + r\begin{pmatrix}1\\-1\\0\end{pmatrix} + s\begin{pmatrix}0\\0\\-2\end{pmatrix};\ \lambda, \mu, r, s \in \mathbb{R}$

15. Finden Sie heraus, für welche Werte der Parameter $a, b, c \in \mathbb{R}$ die beiden Gleichungen dieselbe Ebene darstellen.

$E_1\colon \vec{X} = \begin{pmatrix}a\\3\\1\end{pmatrix} + \lambda\begin{pmatrix}1\\0\\1\end{pmatrix} + \mu\begin{pmatrix}1\\2\\0\end{pmatrix};$ $\quad E_2\colon \vec{X} = \begin{pmatrix}2\\1\\5\end{pmatrix} + r\begin{pmatrix}b\\1\\1\end{pmatrix} + s\begin{pmatrix}c\\2\\1\end{pmatrix};$ $\quad \lambda, \mu, r, s \in \mathbb{R}$

Gegenseitige Lage von Geraden und Ebenen

16. Die **Gerade** g durchstößt jeweils die **Ebene** E in einem Punkt. Ermitteln Sie die Koordinaten dieses **Durchstoßpunkts** S.

a) $g\colon \vec{X} = \begin{pmatrix} 7 \\ -13 \\ -4 \end{pmatrix} + \lambda \begin{pmatrix} 3 \\ -8 \\ -5 \end{pmatrix};\ \lambda \in \mathbb{R};$ $\quad E\colon 2x_1 - 2x_2 - x_3 + 10 = 0$

b) $g\colon \vec{X} = \begin{pmatrix} 2 \\ 2 \\ -2 \end{pmatrix} + \lambda \begin{pmatrix} 1 \\ -3 \\ -13 \end{pmatrix};\ \lambda \in \mathbb{R};$ $\quad E\colon 3x_1 - x_3 = 8$

17. Zeigen Sie jeweils, dass die **Gerade** g zur **Ebene** E **parallel** ist.

a) $g\colon \vec{X} = \begin{pmatrix} 2 \\ 2 \\ 1 \end{pmatrix} + \lambda \begin{pmatrix} -1 \\ 2 \\ 0 \end{pmatrix};\ \lambda \in \mathbb{R};$ $\quad E\colon 2x_1 + x_2 - 3x_3 - 3 = 0$

b) $g\colon \vec{X} = \begin{pmatrix} 2 \\ 2 \\ -2 \end{pmatrix} + \lambda \begin{pmatrix} 1 \\ 2 \\ 0 \end{pmatrix};\ \lambda \in \mathbb{R};$ $\quad E\colon x_3 + 2 = 0$

Beschreiben Sie, wie man den Abstand der Geraden g von der Ebene E ermitteln könnte (Rechnung nicht verlangt).

18. Gegeben ist jeweils eine Gerade g und eine Ebene E. Zeigen Sie, dass die **Gerade** g **in der Ebene** E liegt.

a) $g\colon \vec{X} = \begin{pmatrix} 2 \\ 1 \\ 1 \end{pmatrix} + \lambda \begin{pmatrix} 0 \\ 1 \\ 1 \end{pmatrix};\ \lambda \in \mathbb{R};$ $\quad E\colon \vec{X} = \begin{pmatrix} 2 \\ 0 \\ 0 \end{pmatrix} + \mu \begin{pmatrix} 0 \\ 1 \\ 0 \end{pmatrix} + \nu \begin{pmatrix} 0 \\ 0 \\ 1 \end{pmatrix};\ \mu, \nu \in \mathbb{R}$

b) $g\colon \vec{X} = \begin{pmatrix} 6 \\ 4 \\ 5 \end{pmatrix} + \lambda \begin{pmatrix} 0 \\ 1 \\ 0 \end{pmatrix};\ \lambda \in \mathbb{R};$ $\quad E\colon x_1 + 7x_3 - 41 = 0$

ABI **19.** Gegeben sind die Geraden $g_1\colon \vec{X} = \begin{pmatrix} 1 \\ 0 \\ 2 \end{pmatrix} + \lambda \begin{pmatrix} 1 \\ 2 \\ 2 \end{pmatrix}$, $g_2\colon \vec{X} = \begin{pmatrix} 2 \\ 1 \\ 1 \end{pmatrix} + \mu \begin{pmatrix} 1 \\ 1 \\ -1 \end{pmatrix}$ und $g_3\colon \vec{X} = \begin{pmatrix} 2 \\ 0 \\ -2 \end{pmatrix} + \nu \begin{pmatrix} 0 \\ 1 \\ 3 \end{pmatrix};\quad \lambda, \mu, \nu \in \mathbb{R}$.

Beschreiben Sie, wie man nachweisen könnte, dass diese drei Geraden in einer Ebene liegen (Nachweis nicht erforderlich).

20. Gegeben ist die Schar von Geraden $g_t\colon \vec{X} = \begin{pmatrix} -6 \\ 8 \\ 7 \end{pmatrix} + \lambda \begin{pmatrix} 1 + 2t \\ 2 - 2t \\ 2 + t \end{pmatrix};\ t, \lambda \in \mathbb{R}$.

Zeigen Sie, dass alle Geraden g_t in der Ebene $E\colon 2x_1 + x_2 - 2x_3 + 18 = 0$ liegen.

1. Berechnen Sie jeweils den **Abstand** des angegebenen **Punkts** von der **Ebene** E.

a) E: $2x_1 - 3x_2 - 6x_3 - 31 = 0$; P (–11 | –5 | 10)

b) E: $5x_1 - 6x_2 - 2x_3 + 13 = 0$; P (4 | 0 | –16)

c) E: $2x_1 - 2x_2 - x_3 + 19 = 0$; P (7 | –13 | –4)

d) E: $\vec{X} = \begin{pmatrix} 0 \\ 5 \\ 0 \end{pmatrix} + \lambda \begin{pmatrix} 1 \\ 0 \\ 2 \end{pmatrix} + \mu \begin{pmatrix} 3 \\ 4 \\ -2 \end{pmatrix}$; $\lambda, \mu \in \mathbb{R}$; P (1 | 3 | 6)

e) E_a: $8x_1 - ax_2 + 6x_3 + 30 = 0$; $a \in \mathbb{R}_0^+$; O (0 | 0 | 0)
Für welchen Wert von a ist der Abstand d_O
(1) gleich 1? (2) maximal?

f) E_k : $kx_1 + k^2x_2 + 2x_3 - k^2 = 0$; $k \in \mathbb{R}$; O (0 | 0 | 0)
Zeigen Sie, dass für den Abstand d_O stets $d_O < 1$ gilt.

2. Gegeben ist jeweils eine Ebene E und eine zu E parallele Gerade g.
Ermitteln Sie den **Abstand** der **Geraden** g von der **Ebene** E.

a) E: $2x_1 - x_2 + x_3 - 4 = 0$; g: $\vec{X} = \begin{pmatrix} 0 \\ 4 \\ 2 \end{pmatrix} + \lambda \begin{pmatrix} 1 \\ 2 \\ 0 \end{pmatrix}$; $\lambda \in \mathbb{R}$

b) E: $x_1 + 2x_2 + x_3 - 7 = 0$; g: $\vec{X} = \begin{pmatrix} 4 \\ 2 \\ 2 \end{pmatrix} + \lambda \begin{pmatrix} 1 \\ -1 \\ 1 \end{pmatrix}$; $\lambda \in \mathbb{R}$

c) E: $\vec{X} = \begin{pmatrix} 2 \\ 10 \\ -2 \end{pmatrix} + \lambda \begin{pmatrix} 1 \\ 0 \\ 2 \end{pmatrix} + \mu \begin{pmatrix} 3 \\ 4 \\ -2 \end{pmatrix}$; $\lambda, \mu \in \mathbb{R}$; g: $\vec{X} = \begin{pmatrix} 2 \\ -1 \\ 2 \end{pmatrix} + \nu \begin{pmatrix} 2 \\ 1 \\ 2 \end{pmatrix}$; $\nu \in \mathbb{R}$

3. Bestimmen Sie jeweils den **Abstand** der beiden zueinander **parallelen Ebenen** E_1 und E_2 voneinander.

a) E_1: $2x_1 + x_2 + 2x_3 = 6$; E_2: $2x_1 + x_2 + 2x_3 = 18$

b) E_1: $2x_1 + x_2 + 2x_3 = 6$; E_2: $-2x_1 - x_2 - 2x_3 = 6$

c) E_1: $\vec{X} = \begin{pmatrix} 1 \\ 2 \\ 2 \end{pmatrix} + \lambda \begin{pmatrix} 1 \\ 2 \\ 0 \end{pmatrix} + \mu \begin{pmatrix} 1 \\ 0 \\ -1 \end{pmatrix}$; $\lambda, \mu \in \mathbb{R}$; E_2: $\begin{pmatrix} 2 \\ -1 \\ 2 \end{pmatrix} \circ \left[\vec{X} - \begin{pmatrix} 3 \\ 1 \\ 4 \end{pmatrix}\right] = 0$

4. Ermitteln Sie jeweils den **Abstand** der beiden zueinander **parallelen Geraden** g_1 und g_2 voneinander.

a) g_1: $\vec{X} = \begin{pmatrix} 0 \\ 3 \\ 2 \end{pmatrix} + \lambda \begin{pmatrix} 4 \\ -2 \\ 0 \end{pmatrix}$; g_2: $\vec{X} = \begin{pmatrix} 0 \\ 3 \\ 4 \end{pmatrix} + \mu \begin{pmatrix} -2 \\ 1 \\ 0 \end{pmatrix}$; $\lambda, \mu \in \mathbb{R}$

b) g_1: $\vec{X} = \begin{pmatrix} 3 \\ -2 \\ 3 \end{pmatrix} + \lambda \begin{pmatrix} 2 \\ 2 \\ 1 \end{pmatrix}$; g_2: $\vec{X} = \begin{pmatrix} 5 \\ 6 \\ 1 \end{pmatrix} + \mu \begin{pmatrix} -2 \\ -2 \\ -1 \end{pmatrix}$; $\lambda, \mu \in \mathbb{R}$

5. Bestimmen Sie jeweils den **Abstand** des **Punkts** P von der **Geraden** g.

a) g_1: $\vec{X} = \begin{pmatrix} 2 \\ 2 \\ 3 \end{pmatrix} + \lambda \begin{pmatrix} -1 \\ 1 \\ 0 \end{pmatrix}$; $\lambda \in \mathbb{R}$; P (4 | 2 | 5)

b) g_1: $\vec{X} = \begin{pmatrix} 3 \\ -2 \\ 3 \end{pmatrix} + \lambda \begin{pmatrix} 2 \\ 2 \\ 1 \end{pmatrix}$; $\lambda \in \mathbb{R}$; P (5 | 6 | 1)

6. Ein Flugzeug bewegt sich auf einer geradlinigen Flugbahn, die die Punkte P (5 | 4 | 4) und Q (6 | 5 | 4) enthält (1 LE = 1 km). Es nähert sich einem Berghang H. Dieser kann durch die Ebene durch die drei Punkte A (4 | 3 | 3), B (14 | 8 | 5) und C (9 | 8 | 5) modelliert werden.

a) Welchen Abstand hat das Flugzeug im Punkt P, welchen im Punkt Q vom Berghang H?

b) In welchem Punkt muss das Flugzeug spätestens seinen Kurs ändern, wenn der Pilot einen Abstand zum Berghang H von mindestens 150 m einhalten möchte?

7. Die **Geraden** g_1 und g_2 haben jeweils genau einen Punkt gemeinsam. Berechnen Sie die Koordinaten ihres **Schnittpunkts** S und die Größe ihrer spitzen (oder rechten) **Schnittwinkel**.

a) $g_1\colon \vec{X} = \begin{pmatrix}10\\0\\0\end{pmatrix} + \lambda \begin{pmatrix}-10\\8\\6\end{pmatrix};\quad g_2\colon \vec{X} = \begin{pmatrix}0\\8\\6\end{pmatrix} + \mu \begin{pmatrix}0\\14\\-2\end{pmatrix};\ \lambda, \mu \in \mathbb{R}$

b) $g_1\colon \vec{X} = \begin{pmatrix}-1\\0\\0\end{pmatrix} + \lambda \begin{pmatrix}1\\1\\0\end{pmatrix};\quad g_2\colon \vec{X} = \begin{pmatrix}1\\0\\-4\end{pmatrix} + \mu \begin{pmatrix}-1\\1\\4\end{pmatrix};\ \lambda, \mu \in \mathbb{R}$

c) $g_1\colon \vec{X} = \begin{pmatrix}0\\-7\\0\end{pmatrix} + \lambda \begin{pmatrix}0\\1\\1\end{pmatrix};\quad g_2\colon \vec{X} = \begin{pmatrix}6\\4\\5\end{pmatrix} + \mu \begin{pmatrix}-3\\-4\\-1\end{pmatrix};\ \lambda, \mu \in \mathbb{R}$

8. Die **Gerade** g und die **Ebene** E haben jeweils genau einen Punkt gemeinsam. Berechnen Sie die Koordinaten ihres **Schnittpunkts** S sowie die Größe φ ihrer spitzen (oder rechten) **Schnittwinkel**.

a) $g\colon \vec{X} = \begin{pmatrix}2\\1\\3\end{pmatrix} + \lambda \begin{pmatrix}-2\\-1\\2\end{pmatrix};\ \lambda \in \mathbb{R};\qquad E\colon \begin{pmatrix}3\\1\\2\end{pmatrix} \circ \left[\vec{X} - \begin{pmatrix}3\\5\\1\end{pmatrix}\right] = 0$

b) $g\colon \vec{X} = \begin{pmatrix}-2\\4\\1\end{pmatrix} + \lambda \begin{pmatrix}3\\1\\2\end{pmatrix};\ \lambda \in \mathbb{R};\qquad E\colon 2x_1 - 7x_2 + 4x_3 = 21$

c) $g\colon \vec{X} = \begin{pmatrix}2\\1\\0\end{pmatrix} + \lambda \begin{pmatrix}-3\\1\\7\end{pmatrix};\ \lambda \in \mathbb{R};\qquad E\colon \vec{X} = \begin{pmatrix}-1\\2\\7\end{pmatrix} + \rho \begin{pmatrix}2\\2\\1\end{pmatrix} + \sigma \begin{pmatrix}2\\8\\-2\end{pmatrix};\ \rho, \sigma \in \mathbb{R}$

9. Zeigen Sie jeweils, dass die beiden **Ebenen** E_1 und E_2 die Gerade s miteinander gemeinsam haben, und berechnen Sie die Größe φ ihrer spitzen (oder rechten) **Schnittwinkel**.

a) $E_1\colon 5x_1 + 2x_2 - x_3 - 3 = 0;\qquad E_2\colon x_1 - 2x_2 - 5x_3 + 15 = 0;\qquad s\colon \vec{X} = \begin{pmatrix}0\\2{,}5\\2\end{pmatrix} + \lambda \begin{pmatrix}1\\-2\\1\end{pmatrix};\ \lambda \in \mathbb{R}$

b) $E_1\colon x_2 - x_3 = 0;\qquad E_2\colon x_1 - x_3 = 0;\qquad s\colon \vec{X} = \lambda \begin{pmatrix}1\\1\\1\end{pmatrix};\ \lambda \in \mathbb{R}$

c) $E_1\colon x_1 + 7x_2 + 2x_3 + 4 = 0;\qquad E_2\colon x_1 - x_2 - 4 = 0;\qquad s\colon \vec{X} = \begin{pmatrix}4\\0\\-4\end{pmatrix} + \lambda \begin{pmatrix}1\\1\\-4\end{pmatrix};\ \lambda \in \mathbb{R}$

d) $E_1\colon x_1 + x_2 - x_3 - 2 = 0;\qquad E_2\colon \vec{X} = \begin{pmatrix}2\\0\\0\end{pmatrix} + \lambda \begin{pmatrix}2\\2\\1\end{pmatrix} + \mu \begin{pmatrix}2\\0\\-1\end{pmatrix};\qquad s\colon \vec{X} = \begin{pmatrix}2\\1\\1\end{pmatrix} + \nu \begin{pmatrix}0\\1\\1\end{pmatrix};\ \lambda, \mu, \nu \in \mathbb{R}$

10. a) Der Punkt P (3 | 6 | 6) wird an der Ebene E: $x_1 + 2x_2 + 2x_3 - 9 = 0$ gespiegelt. Ermitteln Sie die Koordinaten seines Spiegelpunkts P*.

b) Gegeben ist die Ebene E: $x_1 + 2x_2 + 2x_3 - 9 = 0$ sowie die zu E parallele Ebene F: $x_1 + 2x_2 + 2x_3 = 0$. Spiegeln Sie zuerst die Ebene E an der Ebene F (Spiegelbild: E*) sowie die Ebene F an der Ebene E (Spiegelbild: F*) und ermitteln Sie dann den Abstand d* der Ebenen E* und F* voneinander. Vergleichen Sie d* mit dem Abstand d der Ebenen E und F voneinander.

1. Gegeben sind die Punkte O (0 | 0 | 0), R (2 | 3 | 6), T (4 | 4 | 7) sowie E (6 | 3 | 7). Geben Sie zunächst die Gleichungen der Geraden OR, RT und TO an und beschreiben Sie dann die Strecken [OR] und [RM] (M ist der Mittelpunkt der Strecke [RT]) durch je eine Gleichung. Berechnen Sie die Längen der drei Seiten des Dreiecks ORT, die Größe des größten Innenwinkels des Dreiecks ORT sowie das Volumen der Pyramide ORTE.

2. Gegeben ist die Ebene E: $\vec{X} = \begin{pmatrix} 2 \\ 1 \\ 3 \end{pmatrix} + \lambda \begin{pmatrix} 1 \\ -1 \\ 4 \end{pmatrix} + \mu \begin{pmatrix} 0 \\ 2 \\ 1 \end{pmatrix}$; $\lambda, \mu \in \mathbb{R}$.

a) Finden Sie jeweils Gleichungen von mindestens drei Geraden, die in der Ebene E liegen und
(1) durch den Punkt A (2 | 1 | 3) verlaufen. (2) nicht durch den Punkt A (2 | 1 | 3) verlaufen.

b) Finden Sie Gleichungen von mindestens drei Geraden, die echt parallel zur Ebene E sind.

3. Gegeben ist die Ebene E: $2x_1 - x_2 + 2x_3 - 18 = 0$. Erläutern Sie die folgenden Rechenschritte geometrisch:

(1) l: $\vec{X} = \lambda \begin{pmatrix} 2 \\ -1 \\ 2 \end{pmatrix}$; $\lambda \in \mathbb{R}$

(2) $2 \cdot 2\lambda - (-\lambda) + 2 \cdot 2\lambda = 18$; $\lambda = 2$

(3) $\vec{F} = 2 \cdot \begin{pmatrix} 2 \\ -1 \\ 2 \end{pmatrix} = \begin{pmatrix} 4 \\ -2 \\ 4 \end{pmatrix}$; F (4 | −2 | 4)

(4) $d = \overline{OF} = \sqrt{4^2 + (-2)^2 + 4^2} = 6$

4. Geben Sie an, welche Lage die beiden Kugeln K_1: $(x_1 + 5)^2 + (x_2 - 10)^2 + (x_3 - 10)^2 = 144$ und K_2: $(x_1 - 3)^2 + (x_2 + 6)^2 + (x_3 + 6)^2 = 9$ zueinander haben.

a) Veranschaulichen Sie die beiden Kugeln in einer Skizze.

b) Ermitteln Sie die Radiuslänge r und die Koordinaten des Mittelpunkts M der kleinsten Kugel, die die beiden Kugeln K_1 und K_2 berührt.

5. Ein Sportflugzeug bewegt sich (bezogen auf ein Koordinatensystem, dessen x_1-Achse und dessen x_2-Achse waagrecht gerichtet sind und dessen x_3-Achse senkrecht nach oben weist) parallel zur x_2-Achse mit der Geschwindigkeit $v_F = 360\,\frac{km}{h}$.
Gleichzeitig steigt ein Wetterballon mit der Geschwindigkeit $v_B = 5\,\frac{m}{s}$ senkrecht nach oben.
Zum Zeitpunkt t = 0 befindet sich der Ballon im Punkt B (−35 | 82 | 23), das Flugzeug im Punkt F (300 | −1 000 | 800) (Angaben in m).

a) Ermitteln Sie den Abstand der beiden Flugbahnen voneinander.

b) Der vorgeschriebene Sicherheitsabstand zwischen Flugzeug und Ballon beträgt 500 m; untersuchen Sie, ob er eingehalten wird.

ABI 6. In einem kartesischen Koordinatensystem sind die Geraden g und h mit den Gleichungen
g: $\vec{X} = \begin{pmatrix} 4 \\ 3 \\ 2 \end{pmatrix} + t \cdot \begin{pmatrix} -2 \\ -5 \\ 4 \end{pmatrix}$ und h: $\vec{X} = \begin{pmatrix} 1 \\ 2 \\ 0 \end{pmatrix} + r \cdot \begin{pmatrix} -1 \\ 2 \\ -2 \end{pmatrix}$; t, r $\in \mathbb{R}$, sowie der Punkt A (4 | −6 | 2) gegeben.
Die Punkte der Geraden g in Abhängigkeit vom Parameter t seien mit P_t bezeichnet.

a) Zeigen Sie, dass durch den Punkt A und die Gerade g eine Ebene E festgelegt ist; ermitteln Sie eine Parametergleichung dieser Ebene E.
Die Gerade h durchstößt die Ebene E im Punkt S; berechnen Sie seine Koordinaten.

b) Berechnen Sie die Entfernung des Punkts A vom Punkt P_t für t = 2.
Ermitteln Sie einen Funktionsterm f(t), der die Entfernung des Punkts A von jedem Punkt P_t der Geraden g angibt.

c) Auf der Geraden g existiert ein Punkt P_{t^*}, dessen Entfernung vom Punkt A minimal ist.
Berechnen Sie die Koordinaten dieses Punkts P_{t^*} und geben Sie die Entfernung $\overline{AP_{t^*}}$ an.

ABI 7. In einem kartesischen Koordinatensystem ist die Ebene H: $x_1 + x_2 + x_3 - 8 = 0$ sowie die Schar von Geraden $g_a: \vec{X} = \begin{pmatrix} a^2 \\ 0 \\ -a^2 \end{pmatrix} + \lambda \begin{pmatrix} 3a \\ -3a \\ 8 \end{pmatrix}$; $\lambda, a \in \mathbb{R}$, gegeben.

a) Zeigen Sie, dass keine der Geraden g_a parallel und keine senkrecht zur Ebene H verläuft.

b) Welche dieser Geraden schneidet H unter dem größten Winkel? Berechnen Sie diesen maximalen Winkel auf eine Dezimale genau.

c) Berechnen Sie die Koordinaten des Schnittpunkts S_a von g_a mit H.
[*Zur Kontrolle*: $S_a\ (a^2 + 3a \mid -3a \mid 8 - a^2)$]

d) Zeigen Sie, dass der Punkt $S_{-2}\ (-2 \mid 6 \mid 4)$ derjenige Punkt aus der Menge der Schnittpunkte S_a ist, der die geringste Entfernung vom Ursprung hat. Geben Sie diese Entfernung an.

ABI 8. In einem kartesischen Koordinatensystem sind die Punkte A $(5 \mid 5 \mid -3)$, B $(3 \mid 4 \mid -1)$ und C $(5 \mid 2 \mid 0)$ sowie die Gerade g: $\vec{X} = \begin{pmatrix} 8 \\ 5 \\ -3 \end{pmatrix} + \lambda \begin{pmatrix} 2 \\ 1 \\ -1 \end{pmatrix}$; $\lambda \in \mathbb{R}$, gegeben.

(1) **a)** Die Punkte A, B und C legen eine Ebene E fest; ermitteln Sie für E eine Gleichung in Koordinatenform. [*Zur Kontrolle*: $x_1 + 2x_2 + 2x_3 - 9 = 0$]

b) Berechnen Sie die Koordinaten des Schnittpunkts P von g mit E.

(2) **a)** Zeigen Sie, dass die Punkte A, B und C ein gleichschenklig-rechtwinkliges Dreieck mit der Basis [CA] festlegen, und berechnen Sie die Radiuslänge r seines Umkreises.

b) Der Punkt D bildet mit den Punkten A, B und C ein Quadrat. Ermitteln Sie die Koordinaten des Punkts D.

(3) Bestimmen Sie Gleichungen der beiden Ebenen E_1 und E_2, die parallel zu E sind und von E jeweils einen Abstand von 6 LE besitzen.

(4) S_1 und S_2 sind die Spitzen zweier Pyramiden, deren gemeinsame Grundfläche das Quadrat ABCD und deren Volumen jeweils 18 VE ist. Berechnen Sie die Koordinaten von S_1 und S_2, wenn S_1 und S_2 auf der Geraden g liegen sollen.

9. Gegeben sind die Punkte A $(4 \mid 14 \mid 17)$, B $(16 \mid 11 \mid 14)$ und C $(16 \mid 2 \mid 23)$.

a) Zeigen Sie, dass das Dreieck ABC gleichschenklig-rechtwinklig ist.

b) Ergänzen Sie das Dreieck mit den Eckpunkten A, B und C durch einen Punkt D zum Quadrat; ermitteln Sie die Koordinaten des Punkts D sowie die Koordinaten des Schnittpunkts M der Quadratdiagonalen.

c) Die Punkte A, B und C legen eine Ebene E fest; ermitteln Sie eine Gleichung in Koordinatenform der Ebene E.

d) Ein Lichtstrahl geht vom Punkt P $(-10 \mid 4 \mid 16)$ aus und wird im Punkt M an der Ebene E des Quadrats [vgl. die Teilaufgaben b) und c)] reflektiert. Berechnen Sie die Größe φ des Winkels, unter dem der Lichtstrahl auf die Ebene E trifft, sowie die Größe des Einfallswinkels (d. h. des Winkels zwischen einfallendem Strahl und Einfallslot).
Ermitteln Sie die Größe ε des Winkels, unter dem der reflektierte Lichtstrahl die x_1-x_2-Ebene trifft.

ABI 10. Gegeben sind der Punkt Q (1 | 1 | −3) sowie die beiden Geraden

$f\colon \vec{X} = \begin{pmatrix} 6 \\ 2 \\ -2 \end{pmatrix} + r \begin{pmatrix} 1 \\ 2 \\ 2 \end{pmatrix}$ und $g\colon \vec{X} = \begin{pmatrix} 4 \\ 4 \\ -3 \end{pmatrix} + s \begin{pmatrix} 1 \\ 0 \\ 1 \end{pmatrix}$; $r, s \in \mathbb{R}$.

a) Bestimmen Sie die Koordinaten des Schnittpunkts S der Geraden f und g.
Berechnen Sie die Größe der beiden spitzen Schnittwinkel dieser Geraden.
Die Ebene E enthält f und g. Leiten Sie eine Koordinatengleichung von E her.
Ermitteln Sie den Abstand des Punkts Q von E.
Die Gerade h geht durch den Punkt S und steht auf f und g senkrecht. Geben Sie eine Gleichung von h an.
[*Teilergebnis*: E: $2x_1 + x_2 - 2x_3 - 18 = 0$; $h\colon \vec{X} = \begin{pmatrix} 7 \\ 4 \\ 0 \end{pmatrix} + t \begin{pmatrix} 2 \\ 1 \\ -2 \end{pmatrix}$; $t \in \mathbb{R}$]

b) Der Ursprung O liegt auf der Kugel K, die die Ebene E aus Teilaufgabe a) berührt und die kleinstmögliche Radiuslänge besitzt. Stellen Sie eine Gleichung von K auf.
Bestimmen Sie eine Gleichung der Kugel K*, die zur Kugel K bezüglich der Ebene E symmetrisch ist. Welche Koordinaten hat der Punkt B, in dem die beiden Kugeln einander berühren?
Begründen Sie, dass die Gerade durch die Kugelmittelpunkte parallel zur Geraden h aus Teilaufgabe a) ist. Berechnen Sie den Abstand dieser Geraden h von der Kugel K.
[*Teilergebnis*: K: $(x_1 - 2)^2 + (x_2 - 1)^2 + (x_3 + 2)^2 = 9$]

c) Die Gerade p ist parallel zur Geraden g und geht durch den Punkt Q.
Eine Kugelschar enthält alle Kugeln, die ihre Mittelpunkte auf p haben und die Ebene E aus Teilaufgabe a) berühren. Ermitteln Sie eine Gleichung für die Kugeln dieser Schar.
Untersuchen Sie, ob die Kugel K aus Teilaufgabe b) zu dieser Schar gehört.
Die Berührpunkte aller Kugeln der Schar mit der Ebene E liegen auf einer Geraden. Geben Sie eine Gleichung dieser Geraden an.

ABI 11. Eine ägyptische Pyramide hat die Form einer geraden quadratischen Pyramide. Die Seitenlänge des Grundquadrats beträgt 144 m, die Höhe der Pyramide 90 m. Zur Vermessung wird ein kartesisches Koordinatensystem mit der Längeneinheit 1 m verwendet, dessen Ursprung in der Mitte der quadratischen Grundfläche liegt und dessen x_1- und x_2-Achse parallel zu den Grundkanten verlaufen. Die Bezeichnung der Punkte wird gemäß der nebenstehenden Skizze gewählt.

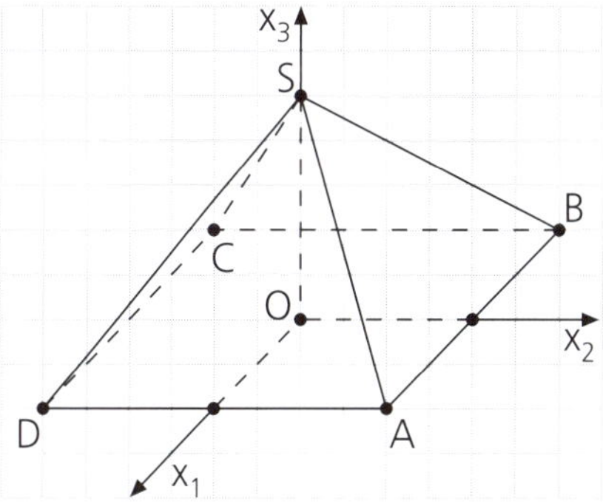

a) Geben Sie die Koordinaten der Eckpunkte A, B, C, D und S an.
Berechnen Sie die Länge der Seitenkante [AS]. Welchen Neigungswinkel zur Grundfläche besitzt jede der Seitenkanten?
Bestimmen Sie eine Gleichung der Ebene E_1 durch die Punkte A, B und S. Wie groß ist der Neigungswinkel jeder der Seitenflächen zur Grundfläche?
[*Teilergebnis*: E_1: $5x_2 + 4x_3 = 360$]

b) Die Ägypter bauten die Pyramide schichtweise. Zum Transport der Steine zur jeweiligen Schicht wurde eine Rampe benötigt.
Die zum Transport der Steine benötigte Rampenfläche ist rechteckig und liege nun in der Ebene E_2: $5x_2 + 26x_3 = 1\,350$.
Berechnen Sie die Höhe des bisher gebauten Pyramidenstumpfs.
Wie lang ist die zum Transport der Steine benötigte Rampenfläche?

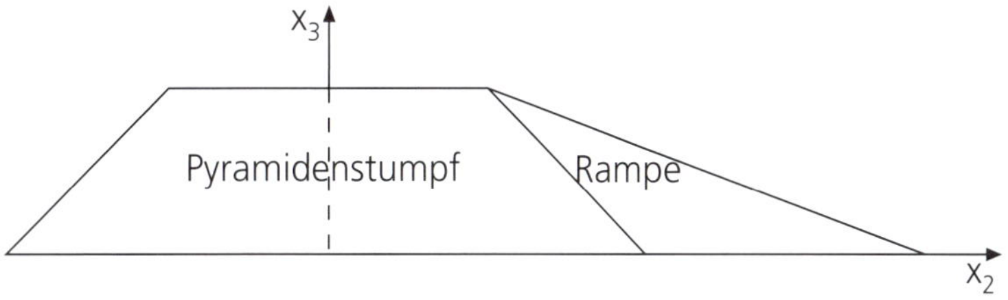

c) Der Punkt Q (48 | 0 | 30) ist der Schwerpunkt der Seitenfläche DAS.
Senkrecht zu dieser Seitenfläche verläuft ein Schacht, dessen Mittelachse von Q ausgeht und in 14 m Höhe über der Grundfläche am Eingang des Königsgrabs endet.
Berechnen Sie die Koordinaten dieses Endpunkts.

ABI 12. Ein Körper aus Aluminium $\left(\rho = 2{,}7\,\frac{g}{cm^3}\right)$ hat die Form einer Pyramide ABCDS.
In einem kartesischen Koordinatensystem (1 LE = 1 cm) besitzen die Eckpunkte die folgenden Koordinaten: A (4 | −1 | 0), B (2 | 3 | −4), C (−6 | 3 | 0), D (−4 | −1 | 4) und S (4 | 9 |10).

a) Weisen Sie nach, dass die Grundfläche ABCD des Körpers ein Rechteck ist.
Prüfen Sie, ob es sich bei dem Körper ABCDS um eine gerade Pyramide handelt.

b) Stellen Sie den Körper in einem Koordinatensystem dar und berechnen Sie die Masse des Körpers.

c) Auf der Kante [AD] soll ein Punkt P markiert werden, der von B ebenso weit entfernt ist wie von D.
Berechnen Sie die Koordinaten von P.

d) Durch den Punkt L (1 | −3 | −5) verläuft ein Laserstrahl in Richtung des Vektors $\vec{a} = \begin{pmatrix} 1 \\ 6 \\ 10 \end{pmatrix}$.
Untersuchen Sie, ob der Laserstrahl beim Durchbohren des Körpers die Diagonale [AC] der Grundfläche trifft.

e) Ein Laserstrahl trennt den Körper durch einen ebenen Schnitt in zwei Teile. Dieser Schnitt verläuft senkrecht zur Grundfläche ABCD durch den Punkt A, durch den Mittelpunkt der Kante [BC] und einen Punkt auf der Kante [SB]. Für eine Oberflächenbehandlung muss die Schnittfläche untersucht werden. Prüfen Sie, ob die entstandene Schnittfläche die Form eines gleichseitigen Dreiecks hat.

ABI 13. In einem kartesischen Koordinatensystem sind die Punkte M (–2 | 4 | 1), S (6 | 8 | 9), P(4 | –8 | 1) sowie die Gerade g: $\vec{X} = \begin{pmatrix} 0 \\ 0 \\ 1 \end{pmatrix} + \lambda \begin{pmatrix} -1 \\ 0 \\ 1 \end{pmatrix}$; $\lambda \in \mathbb{R}$, gegeben.

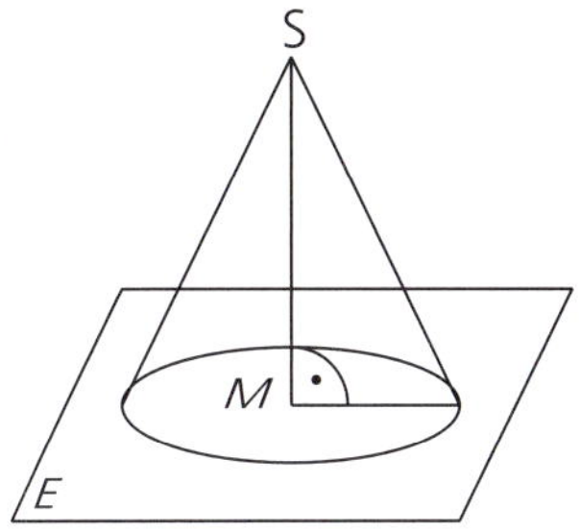

Die Strecke [MS] ist die Höhe eines geraden Kreiskegels. Sein Grundkreis k mit Mittelpunkt M hat die Radiuslänge $6\sqrt{5}$ und liegt in der Ebene E.

(1) a) Ermitteln Sie eine Gleichung der Ebene E in Normalenform und zeigen Sie, dass der Punkt P auf dem Grundkreis k liegt.
[*Zur Kontrolle*: E: $2x_1 + x_2 + 2x_3 - 2 = 0$]

b) Zeigen Sie, dass die Gerade g in der Ebene E liegt, und bestimmen Sie die Koordinaten der Schnittpunkte R und T von g und k. (Der Punkt mit positiver x_1-Koordinate wird mit R bezeichnet.)
[*Teilergebnis*: R (8 | 0 | –7), T (–10 | 0 | 11)]

c) Die Gerade g teilt den Grundkreis k in einen kurzen und einen langen Kreisbogen. Berechnen Sie den Winkel φ, den die Vektoren $\overrightarrow{PR}$ und $\overrightarrow{PT}$ miteinander einschließen, und geben Sie an, auf welchem der beiden Bögen der Punkt P liegt. Begründen Sie Ihre Antwort.

(2) a) Die Spiegelung der Geraden g an M ergibt die Gerade g′. Ermitteln Sie die Koordinaten der Schnittpunkte von g′ mit k.
[*Teilergebnis*: (–12 | 8 | 9)]

b) Begründen Sie ohne Rechnung, dass die Punkte, in denen die Geraden g und g′ den Kreis k schneiden, ein Rechteck bilden.

c) Das Rechteck aus Teilaufgabe (2) b) bestimmt zusammen mit dem Punkt S eine Pyramide. Wie viel Prozent des Kegelvolumens füllt diese Pyramide aus?

ABI 14. In einem kartesischen Koordinatensystem legen die Punkte A (1 | 2 | 0), B (3 | 0 | 2) und C (5 | 5 | 2) ein Dreieck in einer Ebene E fest. Die Gerade g enthält den Punkt B und besitzt den Richtungsvektor $\vec{u} = \begin{pmatrix} -2 \\ 1 \\ 2 \end{pmatrix}$.

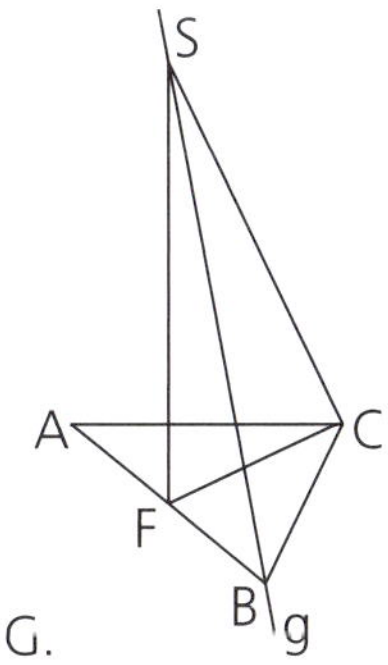

(1) a) Zeigen Sie, dass das Dreieck ABC gleichschenklig ist, und berechnen Sie die Größen aller Innenwinkel dieses Dreiecks.

b) Weisen Sie nach, dass der Punkt F (2 | 1 | 1) Mittelpunkt der Strecke [AB] ist, und ermitteln Sie eine Gleichung derjenigen Ebene G in Normalenform, bezüglich der die Punkte A und B zueinander symmetrisch sind.
[*Mögliches Ergebnis*: G: $x_1 - x_2 + x_3 - 2 = 0$]

c) Berechnen Sie die Koordinaten des Schnittpunkts S der Geraden g mit der Ebene G.
[*Ergebnis*: S (–3 | 3 | 8)]

d) Bestätigen Sie, dass die Gerade FS senkrecht auf der Ebene E steht, und begründen Sie ohne weitere Rechnung, dass der Punkt F auf dem Kreis in der Ebene G mit Durchmesser [SC] liegt.

(2) a) Bei der Rotation des rechtwinkligen Dreiecks FCS um die Achse FS entsteht ein gerader Kegel K_1. Berechnen Sie das Volumen dieses Kegels.

b) Die Ebene G schneidet den Kegel K_1 im Dreieck CSC*. Berechnen Sie die Koordinaten von C* und zeichnen Sie das Dreieck CSC* in wahrer Größe (1 LE entspricht 1 cm; sinnvolle Rundung der Längen).

c) Es sei r die Radiuslänge der größten Halbkugel mit Grundfläche in E, die dem Kegel K_1 einbeschrieben werden kann. Beschreiben Sie einen Weg zur rechnerischen Bestimmung von r (Rechnung nicht erforderlich).

d) Lässt man das Dreieck FCS um die Achse FC rotieren, so entsteht ein Kegel K_2. Begründen Sie ohne weitere Rechnung, dass folgende Schlussfolgerung falsch ist: „Weil bei K_2 im Vergleich zu K_1 Höhe und Grundkreisradiuslänge nur vertauscht sind, müssen K_1 und K_2 das gleiche Volumen besitzen."

ABI 15. In einem kartesischen Koordinatensystem sind die Punkte A (2 | 0 | 1), B (2 | −2 | 0,5) und C (0 | −4 | 1) sowie die Ebene F: $x_1 + x_2 + 2x_3 - 4 = 0$ gegeben.

(1) a) A, B und C legen die Ebene E fest. Bestimmen Sie je eine Gleichung der Ebene E in Parameterform sowie in Normalenform.
[*Mögliches Teilergebnis*: E: $2x_1 - x_2 + 4x_3 - 8 = 0$]

b) Bestätigen Sie, dass die Gerade s: $\vec{X} = \begin{pmatrix}4\\0\\0\end{pmatrix} + \sigma \cdot \begin{pmatrix}-2\\0\\1\end{pmatrix}$ mit $\sigma \in \mathbb{R}$ die Schnittgerade der Ebenen E und F ist, und begründen Sie, dass s in der x_1-x_3-Koordinatebene liegt.

c) Zeigen Sie, dass die Punkte R (4 | 0 | 0) und S (0 | 0 | 2) auf der Geraden s liegen und dass die Punkte T (0 | −8 | 0) beziehungsweise U (0 | 4 | 0) die Schnittpunkte der Ebene E beziehungsweise der Ebene F mit der x_2-Achse sind.

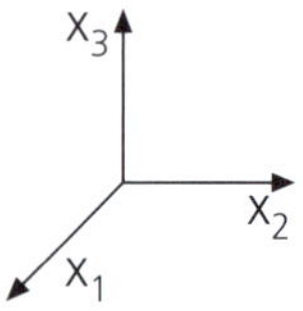

d) Zeichnen Sie die Punkte R, S, T und U sowie die Gerade s in ein Koordinatensystem (vgl. Skizze) ein und veranschaulichen Sie die Lage der Ebenen E und F.

(2) In einem Geländemodell liegen die Hänge eines Bergrückens in den Ebenen E und F. Der Grat dieses Bergrückens wird von einem Teil der Geraden s gebildet. Die x_1-Achse zeigt in Südrichtung, die x_2-Achse in Ostrichtung. Vom Punkt B aus wird horizontal ein Tunnel in Ostrichtung durch den Berg bis zur Ebene F gebohrt.

a) Berechnen Sie die Länge des Tunnels im Geländemodell.

b) Vom Punkt P (2 | p_2 | p_3) der Geraden TR soll in der Ebene E eine geradlinige Zufahrtstraße zum Tunneleingang B angelegt werden. Berechnen Sie die Koordinaten von P und begründen Sie, dass diese Zufahrt zum Tunneleingang B bergauf und genau von Westen nach Osten verläuft.

c) Berechnen Sie für diese Zufahrtsstraße von P nach B den Neigungswinkel α gegen die Horizontale. Beschreiben Sie mit kurzer Begründung, in welchem Punkt L der Strecke [TR] die steilstmögliche geradlinige Zufahrtsstraße zum Tunneleingang B beginnen würde.
[*Hinweis*: Die Koordinaten von L müssen nicht berechnet werden.]

16. In einem kartesischen Koordinatensystem sind die Punkte A (−3 | 2 | −1), B (−1 | −1 | −3) und S (3 | 7 | −11) sowie die Geraden g = AB und h: $\vec{X} = \begin{pmatrix}7\\4\\6\end{pmatrix} + \lambda \cdot \begin{pmatrix}-2\\3\\2\end{pmatrix}$; $\lambda \in \mathbb{R}$, gegeben.

(1) a) Zeigen Sie, dass die Geraden g und h zueinander echt parallel sind. Bestimmen Sie eine Gleichung der Ebene E, die die Geraden g und h enthält, in Normalenform.
[*Mögliches Ergebnis*: E: $x_1 + 2x_2 - 2x_3 - 3 = 0$]

b) Bestimmen Sie die Koordinaten des Fußpunkts F des Lots vom Punkt S auf die Ebene E sowie den Abstand d des Punkts S von der Ebene E.
[*Ergebnis*: F = B; d = 12]

c) Bestimmen Sie die Größen der Innenwinkel des Dreiecks ABS.

d) Berechnen Sie den Abstand d(g; h) der Geraden g und h voneinander.
[*Ergebnis*: $d(g; h) = 3\sqrt{17}$]

(2) Lässt man das Dreieck ABS um die Achse BS rotieren, so entsteht als Rotationskörper ein Kegel K_1.

a) Berechnen Sie das Volumen von K_1.

b) Untersuchen Sie, ob die Gerade h mit dem Kegel K_1 gemeinsame Punkte besitzt.

c) Eine Ebene E', die parallel zur Ebene E liegt, zerlegt den Kegel K_1 in einen Kegel K_2 und einen Kegelstumpf. Die Höhe des Kegelstumpfs beträgt ein Drittel der Höhe des Gesamtkegels K_1. Berechnen Sie den prozentualen Anteil des Volumens des Kegelstumpfs am Volumen des Kegels K_1.

d) Gegeben ist ein Punkt P, dessen Abstand von der Ebene E kleiner als 12 ist. Es soll entschieden werden, ob der Punkt P auf der Mantelfläche des Kegels K_1 liegt. Beschreiben Sie hierfür ein mathematisches Vorgehen unter der Annahme, dass die Koordinaten von P bekannt sind.

17. In einem kartesischen Koordinatensystem sind die Punkte A (7 | 5 | 1) und B (2 | –5 | 6) sowie die Gerade
$g: \vec{X} = \overrightarrow{OA} + \lambda \cdot \begin{pmatrix} 1 \\ 2 \\ 0 \end{pmatrix}; \lambda \in \mathbb{R}$, gegeben.

(1) a) Zeigen Sie, dass der Punkt B nicht auf der Geraden g liegt.

b) Die Ebene E enthält den Punkt B und die Gerade g. Bestimmen Sie eine Gleichung der Ebene E in Normalenform. Welche besondere Lage im Koordinatensystem hat die Ebene E?
[*Mögliches Teilergebnis*: $2x_1 - x_2 - 9 = 0$]

c) Der Punkt C ist Fußpunkt des Lots vom Punkt B auf die Gerade g.
Berechnen Sie die Koordinaten von C.
[*Ergebnis*: C (2 | –5 | 1)]

d) M ist der Mittelpunkt der Strecke [AB]. K ist die Kugel mit Mittelpunkt M und Radiuslänge $\frac{1}{2}\overline{AB}$.
Begründen Sie, dass die Gerade g die Kugel K in den Punkten A und C schneidet.

(2) Durch Verschieben der Punkte A, B und C um den Vektor $\begin{pmatrix} -4 \\ 2 \\ 0 \end{pmatrix}$ entstehen die Punkte A', B' und C'.

Verbindet man die entsprechenden Eckpunkte der Dreiecke ABC und A'B'C', so entsteht das Prisma ABCA'B'C'.

a) Berechnen Sie die Koordinaten des Punkts A' und zeichnen Sie das Prisma ABCA'B'C' in ein Koordinatensystem ein (vgl. Skizze; Platzbedarf: ganze Seite; Ursprung in der Blattmitte).
[*Teilergebnis*: A' (3 | 7 | 1)]

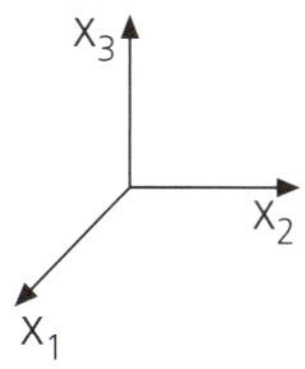

b) Zeigen Sie, dass der Verschiebungsvektor $\overrightarrow{AA'}$ zur Grundfläche ABC senkrecht ist, und bestimmen Sie das Volumen des Prismas.

c) Das Rechteck AA'B'B ist eine Seitenfläche des Prismas. Die Diagonalen des Rechtecks schneiden einander im Punkt N. Begründen Sie, dass alle Eckpunkte des Prismas auf einer Kugel mit Mittelpunkt N liegen.

d) Geben Sie zwei Punkte an, die zusammen mit C eine Ebene festlegen, die das Prisma in zwei volumengleiche Teile teilt. Begründen Sie Ihre Antwort.

BE

M3. Geometrie

GI.

1. In einem kartesischen Koordinatensystem beschreibt die x_1-x_2-Ebene eine flache Landschaft, in der sich ein Flughafen befindet. Die x_1-Achse zeigt in Richtung Osten, die x_2-Achse in Richtung Norden; die Längeneinheit ist 1 km.
Ein Flugzeug F_1 steigt unmittelbar nach dem Abheben von der Startbahn im Punkt

P (– 10 I 0 I 0) längs der Geraden g_1: $\vec{X} = \vec{P} + \lambda \cdot \begin{pmatrix} 5 \\ 5 \\ 1 \end{pmatrix}$; $\lambda \in \mathbb{R}$, auf.

Flugzeug F_2 fliegt entlang der Geraden g_2: $\vec{X} = \begin{pmatrix} 40 \\ 50 \\ 10 \end{pmatrix} + \mu \cdot \begin{pmatrix} 10 \\ -10 \\ 0 \end{pmatrix}$; $\mu \in \mathbb{R}$.

3 a) Geben Sie die Himmelsrichtung an, in der F_1 fliegt, und begründen Sie, dass F_2 eine konstante Flughöhe hält.

4 b) Berechnen Sie den Steigungswinkel der Flugbahn von F_1 gegen die Horizontale.

3 c) F_1 überfliegt in einer Höhe von 6 km eine Radarstation im Punkt Z der x_1-x_2-Ebene. Bestimmen Sie die Koordinaten von Z.

[*Ergebnis*: Z (20 I 30 I 0)]

5 d) Bestätigen Sie durch Rechnung, dass die Flugbahnen der beiden Flugzeuge einander senkrecht schneiden.
Legen Sie dar, dass daraus auch bei unveränderten Flugbahnen nicht zwingend eine Kollision der beiden Flugzeuge folgt.

2 e) Der Richtungsvektor von g_2 beschreibt die konstante Geschwindigkeit des Flugzeugs F_2 in der Einheit $\frac{\text{km}}{\text{min}}$. Geben Sie die physikalische Bedeutung des Parameters μ an.

6 f) Das Radar in Z erfasst alle Objekte im Luftraum bis zu einer Entfernung von 50 km. Berechnen Sie die Länge der Flugstrecke von F_2 im Überwachungsbereich des Radars.

3 **2.** Berechnen Sie den Abstand des Punkts Q (2 I 3 I – 1) von der Ebene E: $2x_1 - x_2 + 3x_3 = 4$.

4 **3.** Gegeben sind die Eckpunkte eines Dreiecks ABC; es lässt sich durch einen Punkt D zu einem Drachenviereck ABCD ergänzen.
Beschreiben Sie eine Abfolge von Schritten zur rechnerischen Ermittlung der Koordinaten von D.

30

GII.

BE

In einem kartesischen Koordinatensystem ist ein Würfel W der Kantenlänge 6 gegeben. Die Eckpunkte G_1 (0 | 0 | 0) und D_3 (6 | 6 | 6) legen eine Raumdiagonale fest.

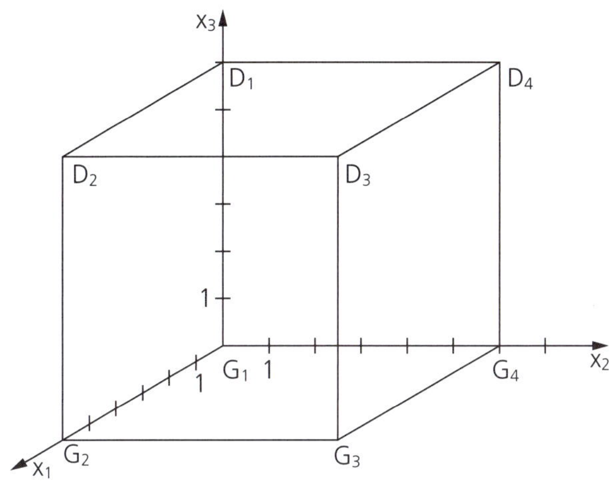

a) Bestimmen Sie in Koordinatenform eine Gleichung der Ebene E, die durch die Punkte D_1, G_2 und D_3 verläuft, und zeichnen Sie die Schnittfigur der Ebene E mit dem Würfel W ein. [*Mögliches Ergebnis*: E: $x_1 - x_2 + x_3 = 6$] — 5

b) Berechnen Sie das Volumen der Pyramide, die E vom Würfel W abschneidet. Wie viel Prozent des Würfelvolumens nimmt die Pyramide ein? — 4

c) Berechnen Sie die Größe des Neigungswinkels der Ebene E gegen die Grundfläche $G_1G_2G_3G_4$. Geben Sie drei Eckpunkte des Würfels W an, die eine Ebene so festlegen, dass sie mit der Grundfläche einen 45°-Winkel einschließt. — 4

d) Zeigen Sie, dass die Ebene F mit der Gleichung F: $x_1 - x_2 + x_3 = 3$ parallel zu E mit Abstand $\sqrt{3}$ ist. — 3

e) Die Ebene F schneidet den Würfel W in einem regulären Sechseck (Beweis nicht verlangt). Bestimmen Sie die Schnittpunkte der Ebene F mit der x_1- und der x_3-Koordinatenachse und bestätigen Sie, dass der Mittelpunkt der Strecke $[G_2G_3]$ in F liegt.
Zeichnen Sie alle sechs Schnittpunkte der Ebene F mit Kanten des Würfels sowie den Rand der sechseckigen Schnittfigur ein.
Berechnen Sie den Flächeninhalt des betrachteten Sechsecks. — 10

f) Alle Ebenen parallel zu F werden durch Gleichungen der Form $x_1 - x_2 + x_3 = a$ mit $a \in \mathbb{R}$ beschrieben.
Geben Sie an, welche Arten von Figuren als Schnitt einer solchen Ebene mit dem Würfel W auftreten. Geben Sie die Menge aller Werte von a an, für die die Schnittfigur ein Sechseck ist. — 4

30